普通高等教育"十一五"系列教材
PUTONG GAODENG JIAOYU SHIYIWU XILIE JIAOCAI

U0662122

JIANZHU ZHITU YU SHITU XITIJI

# 建筑制图与识图习题集

## （第二版）

马光红　周亚健　合编
张志刚　主审

中国电力出版社
CHINA ELECTRIC POWER PRESS

## 内 容 提 要

本书为《建筑制图与识图（第二版）》的配套用书，主要内容包括点的投影、直线的投影、面的投影、轴测投影、基本立体的投影、组合体的投影、剖面图、截面图、建筑施工图、结构施工图、给水排水施工图等。本习题集与《建筑制图与识图（第二版）》配合紧密，以三面正投影、轴测投影、专业制图为重点，通过大量的绘图练习，着重培养学生准确快速的绘图能力，为专业课课程设计奠定良好的基础。

本书主要作为高等院校房屋建筑工程、工程造价管理、房地产企业管理、建筑装饰技术专业的教材，也可作为函授和自考辅导用书或供相关专业人员学习参考。

## 图书在版编目（CIP）数据

建筑制图与识图习题集/马光红，周亚健编．—2 版．北京：中国电力出版社，2011.10（2021.11 重印）

普通高等教育"十一五"规划教材
ISBN 978 – 7 – 5083 – 7312 – 6

Ⅰ．建…　Ⅱ．①马…②周…　Ⅲ．建筑制图 – 识图法 – 高等学校：技术学校 – 习题　Ⅳ. TU204 – 44

中国版本图书馆 CIP 数据核字（2008）第 067081 号

普通高等教育"十一五"规划教材　建筑制图与识图习题集

中国电力出版社出版、发行　　　　　　　北京雁林吉兆印刷有限公司印刷　　　　　　各地新华书店经售
（北京市东城区北京站西街 19 号　100005　http://jc.cepp.com.cn）
2004 年 9 月第一版　　　　　　　　　　2011 年 10 月第二版　　　　　　　　　2021 年 11 月北京第十六次印刷
787 毫米×1092 毫米　横 16 开本　11 印张　136 千字　1 插页　　　　　　　　　　　　　　　　　定价 29.00 元

# 前　言

为贯彻落实教育部《关于进一步加强高等学校本科教学工作的若干意见》和《教育部关于以就业为导向深化高等职业教育改革的若干意见》的精神，加强教材建设，确保教材质量，中国电力教育协会组织制订了普通高等教育"十一五"教材规划。该规划强调适应不同层次、不同类型院校，满足学科发展和人才培养的需求，坚持专业基础课教材与教学急需的专业教材并重、新编与修订相结合。本书为修订教材。

本书是根据高等教育土建类、工程项目管理类专业的教学要求，并在教学实践经验的总结基础上编写而成的，与马光红、伍培等编写的《建筑制图与识图（第二版）》一书配套使用。

本习题集是在第一版的基础上，通过相应的修订而形成的，符合教学大纲的要求，题目形式较多，读图与绘图相结合，内容难易适当，旨在通过各种题型的设置，提高学生读图与绘图能力，为其他专业课的学习奠定良好的基础。

本习题集与《建筑制图与识图（第二版）》紧密结合，以正投影、轴测投影、专业图为重点内容，侧重于学生专业基本技能的培养，通过各种不同题型的练习，提高学生的绘图能力。

本习题集由马光红、周亚健编写，张志刚教授进行了认真的审阅，并提出许多宝贵的意见，在此表示感谢。

限于编者水平，书中可能有诸多需要改进之处，敬请各位同行和广大读者提出宝贵意见。

编者

2008.2

# 第一版前言

　　本习题集是根据教育部关于高等教育土建类专业教学要求，并在教学改革的基础上编写而成的，与马光红、吴舒琛、伍培等老师编写的《建筑制图与识图》一书配套使用。

　　本习题集与教材相配合，符合教学大纲的要求，题目形式多样，读图与绘图相结合，内容由浅及深，层层深入，且联系实际能较好地帮助学生掌握、理解所学制图与识图内容，并通过习题的练习，启发学生的思路，锻炼其空间思维能力、想像能力、计算机绘图能力。为适应各学校教学的具体情况，本习题集设置内容较多，各学校可根据具体情况选择其中某些部分让学生练习。

　　本习题集的编制原则是：与教材紧密配合，以三面正投影、轴测投影、专业制图为重点，着重培养学生准确、快速的绘图能力，通过大量的绘图练习，使学生为今后专业课的课程设计奠定良好的基础。

　　本习题集由山东建筑工程学院马光红、李永存、邵新和山东大学贾栗、重庆石油高等专科学校伍培编写，山东建筑工程学院张志刚副教授对本习题集进行了认真地审阅，并提出了许多宝贵的意见和建议，在此表示衷心的感谢。

　　由于编者水平有限，书中可能存在一定的不足和错误，敬请各位同行和广大读者提出宝贵意见和建议。

编者

2004. 2

# 目　　录

**点的投影**

1. 根据轴测图，注明 A、B、C 各点的三个投影。

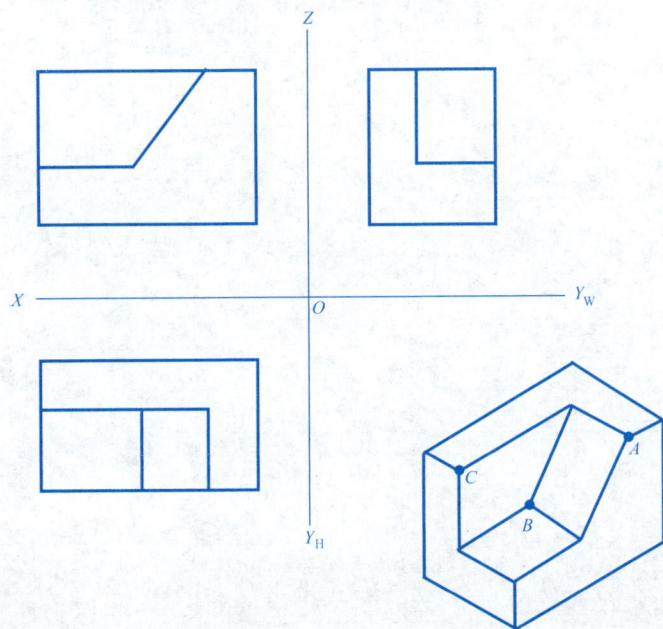

2. 补作出侧面投影图，并求作出 A、B、C 各点的未知投影。

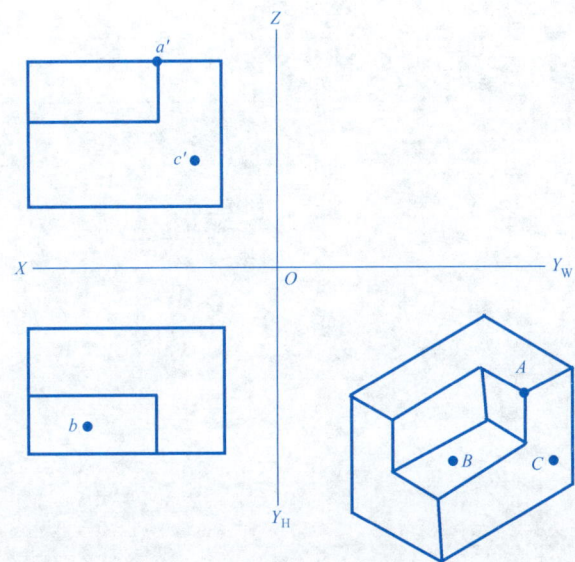

## 点的投影

3. 已知表中各点的坐标，绘制各点的三面投影图（单位：mm）

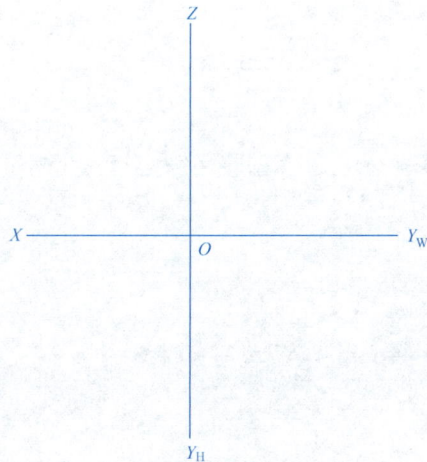

| 坐标<br>点名 | X | Y | Z |
|---|---|---|---|
| A | 10 | 10 | 10 |
| B | 13 | 8 | 13 |
| C | 0 | 5 | 20 |
| D | 5 | 0 | 15 |
| E | 20 | 15 | 0 |
| F | 0 | 20 | 0 |

4. 根据各点的三投影图，判别各点在空间的位置，并在表格中分别填上它们的位置。

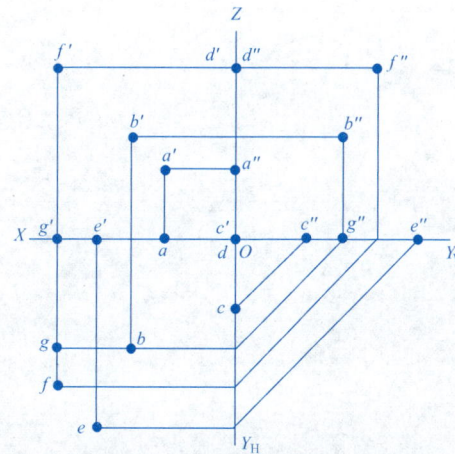

| 点名 | 位置 |
|---|---|
| A | |
| B | |
| C | |
| D | |
| E | |
| F | |
| G | |

# 点的投影

5. 已知点的两面投影，求第三面投影。

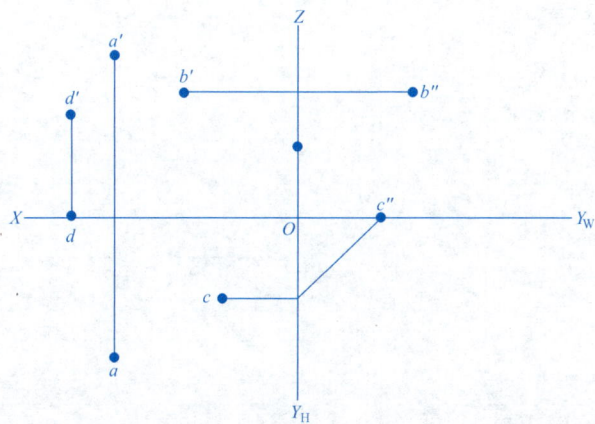

6. 根据表中所给距离，作出点的三面投影（单位：mm）。

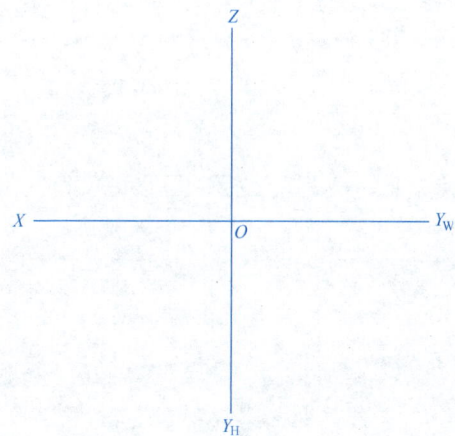

| 点名 \ 距离 | 离 H 面 | 离 V 面 | 离 W 面 |
|---|---|---|---|
| A | 10 | 5 | 10 |
| B | 0 | 15 | 0 |
| C | 0 | 10 | 20 |
| D | 15 | 0 | 5 |
| E | 15 | 20 | 0 |

## 点的投影

7. 求出 A、B、C、S 的第三面投影，并把同名投影用直线连接起来。

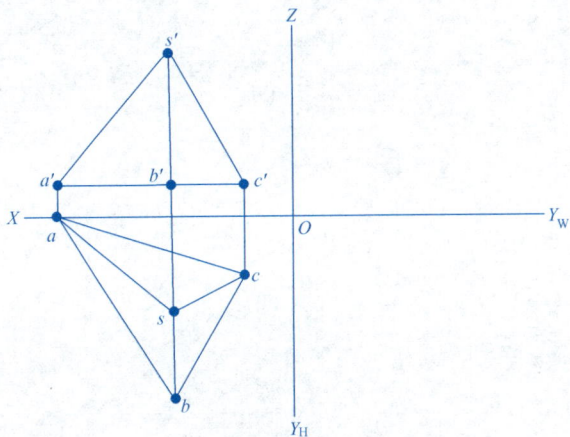

8. 判别下列投影图中 A、B、C、D、E 各点的相对位置 (填入表中)。

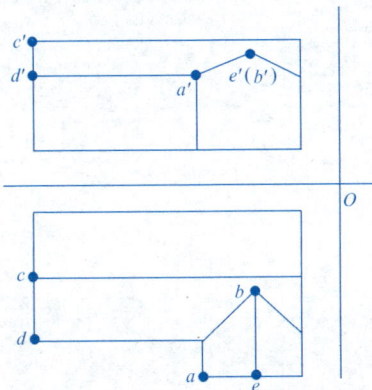

A 点在 B 点 _____

B 点在 E 点 _____

A 点在 D 点 _____

A 点在 E 点 _____

C 点在 D 点 _____

9. 已知点 A 的投影，求点 B、C、D 的投影，使 B 在 A 的正左方 5mm，C 在 A 的正前方 10mm，D 在 A 的正下方 10mm。

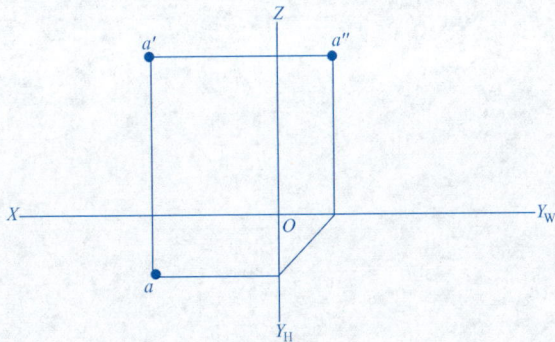

10. 已知 A、B 两点的投影，求点 C 的投影，使点 A 成为点 B 与点 C 的对称中心点。

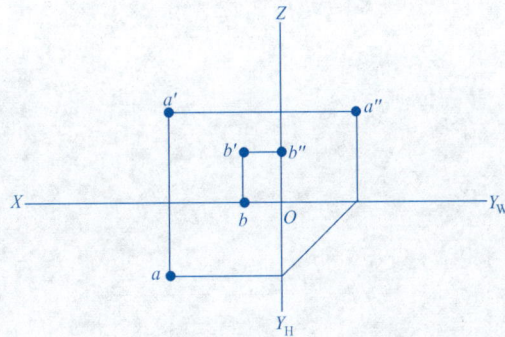

## 点的投影

11. 点 $K$ 位于所给平面上，求 $K$ 点的未知投影。

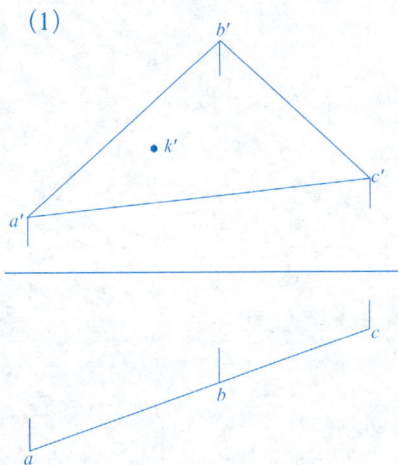

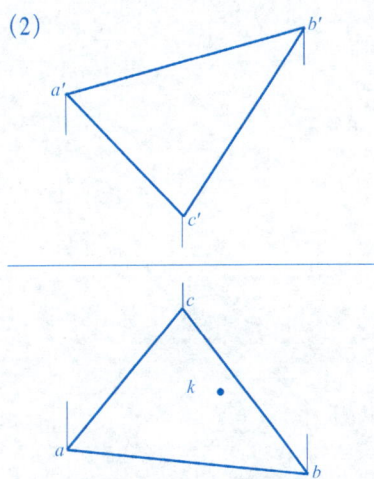

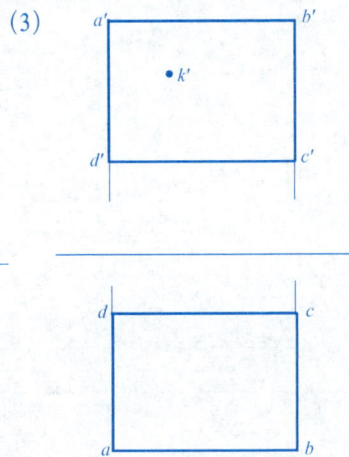

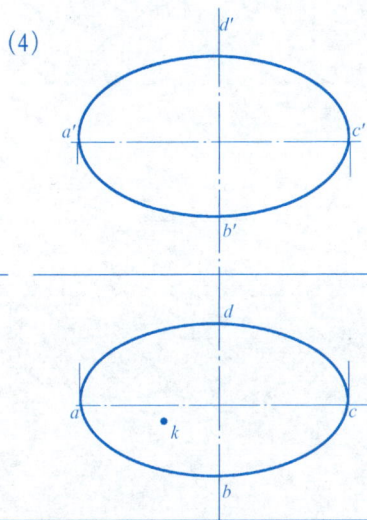

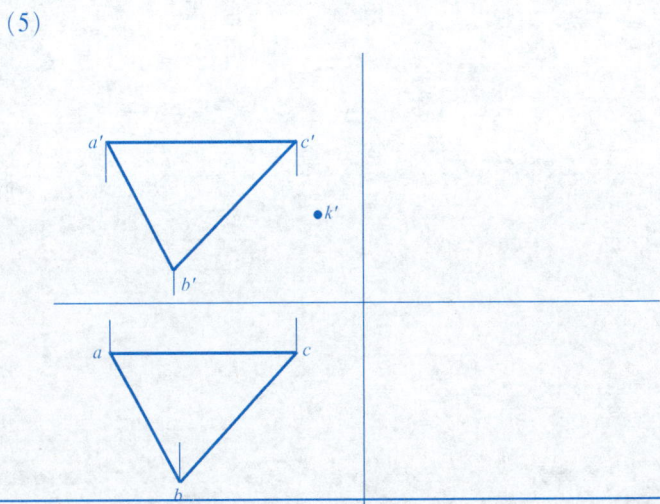

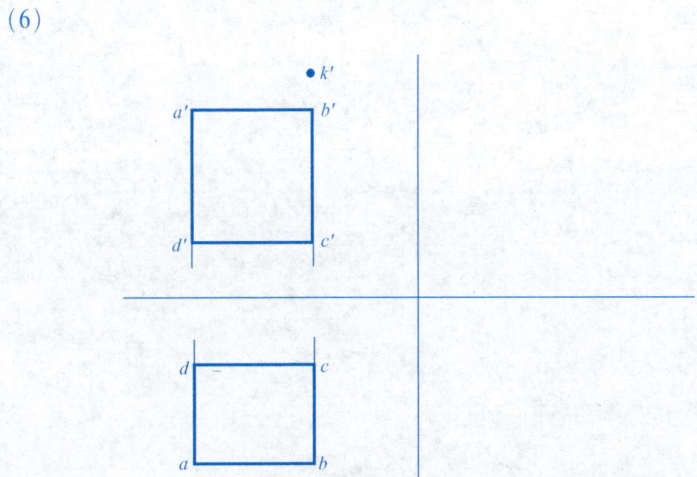

(1)

(2)

(3)

(4)

(5)

(6)

## 直线的投影

1. 根据轴测图找出 *AB*、*CD* 直线在投影图上的位置，并说明各直线对投影面的相对位置。

(1)

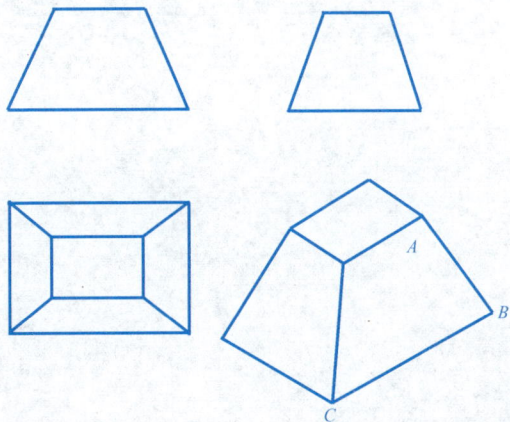

AB _____ V

_____ H

_____ W

AB 是_____线

BC _____ V

_____ H

_____ W

BC 是_____线

(2)

AB _____ V

_____ H

_____ W

AB 是_____线

CD _____ V

_____ H

_____ W

CD 是_____线

## 直线的投影

2. 求下列直线的第三面投影，并说明各直线是何种位置直线。

(1)

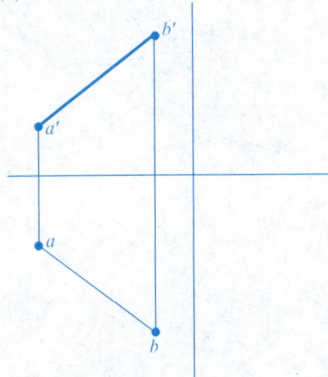

(2)

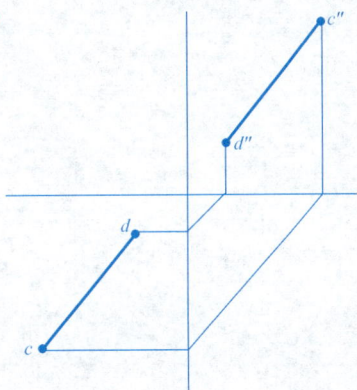

(3)

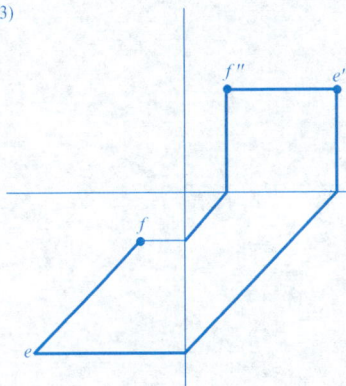

(4)

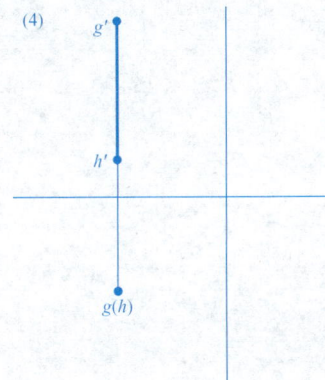

(5)

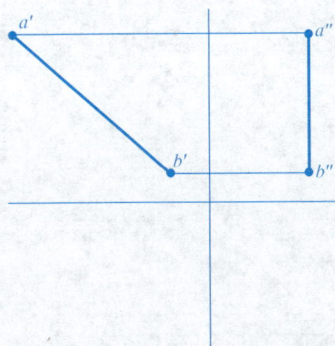

(6)

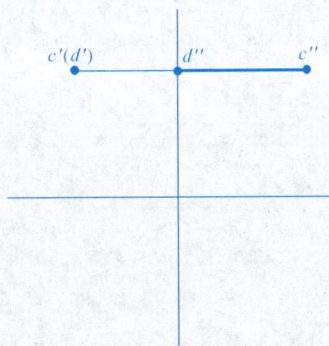

(7)

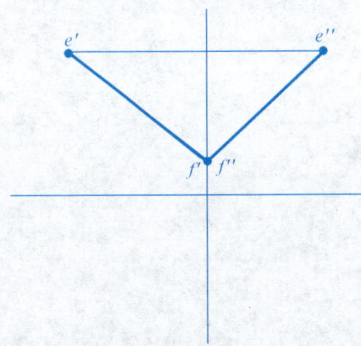

(8)

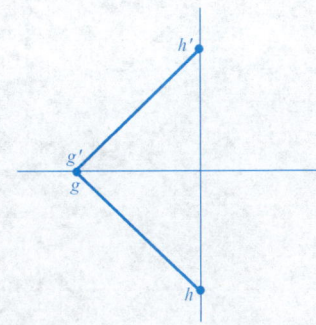

## 直线的投影

3. 判别下列直线是何种位置直线。

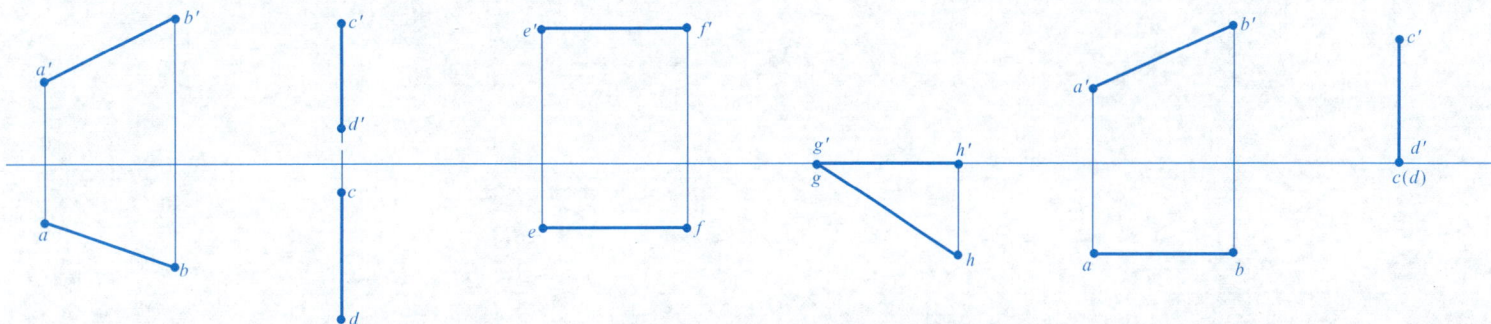

4. 已知直线 CD 端点 C 的投影，CD 长 20mm，且垂直于 V 面，求其未知投影。

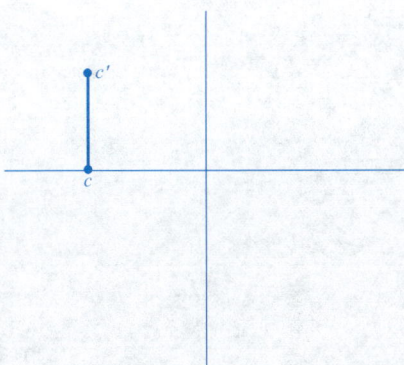

5. 已知 EF∥V 面，E、F 离 H 面的距离分别为 5mm 和 15mm，求其未知投影。

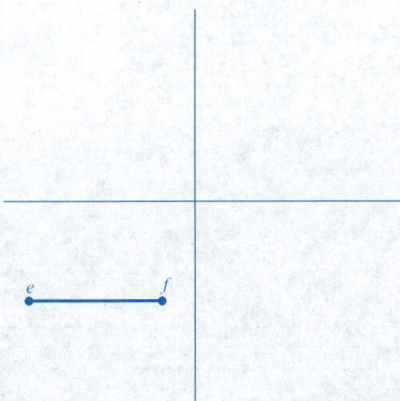

6. 求作直线 AB 的投影，使该直线上任意一点到三投影面距离相等。

## 直线的投影

7. 已知直线 AB 的投影，求 AB 上点 C 的投影，使 AC：CB = 2：1。

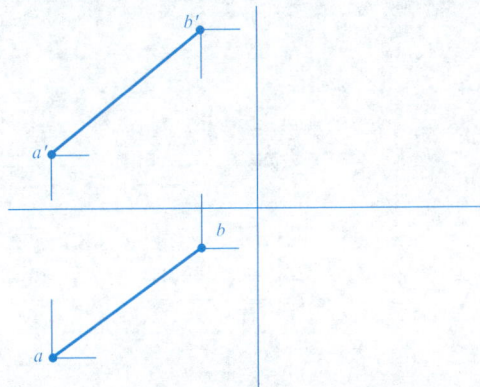

8. 判别下列各点是否在各直线上。

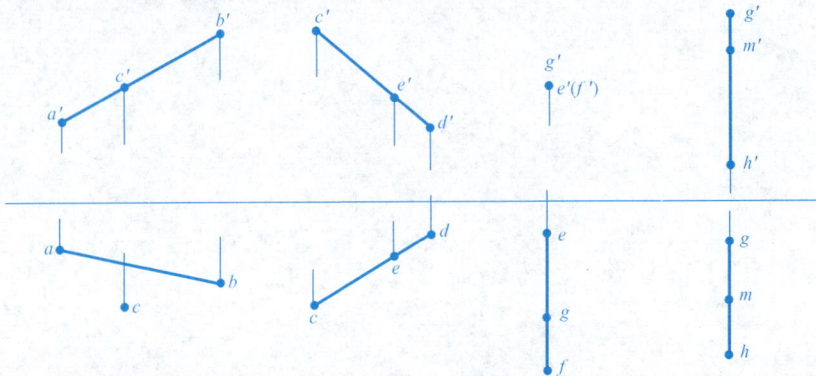

9. 在 AB 上求一点 C，使点 C 与 V、H 面距离相等。

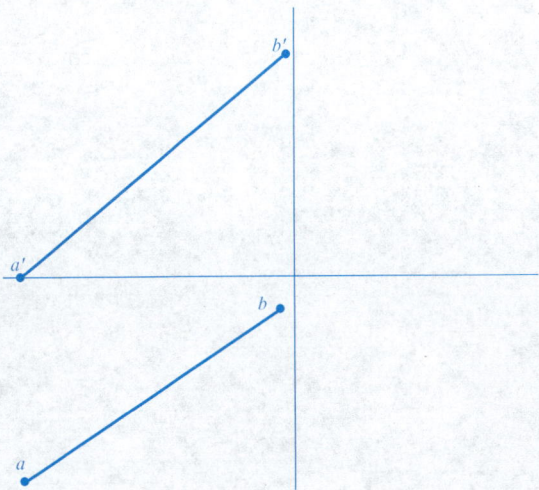

10. 已知 G、H 两点在直线 EF 上，补全所缺少的投影。

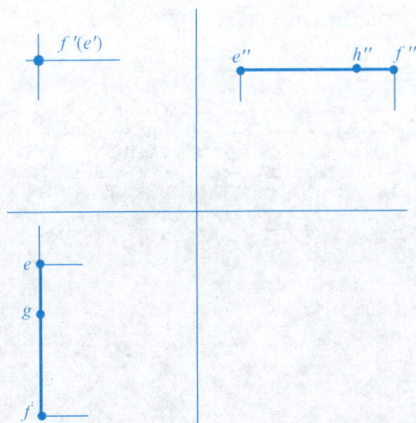

11. 已知 EF 上点 K 的 H 投影，求 K 点的未知投影。

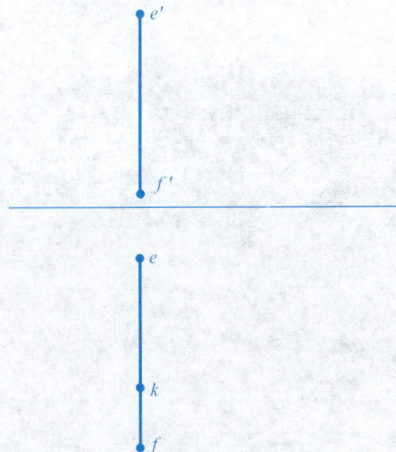

## 直线的投影

12. 求直线 AB 的实长和对 V 面的倾角 β。

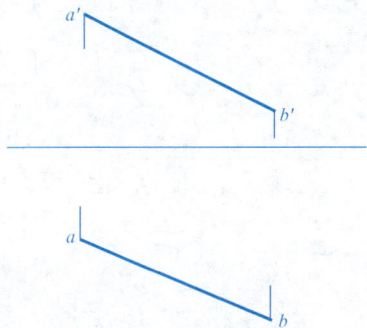

13. 求直线 CD 的实长和对 H 面的倾角 α。

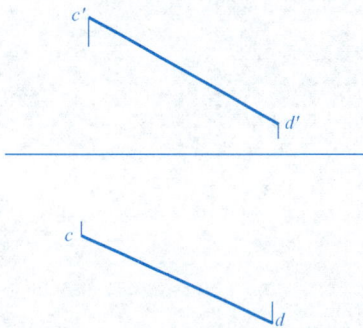

14. 求直线 EF 的实长和 α、β 角。

15. 已知直线 AB 的长度 L，求 b'。

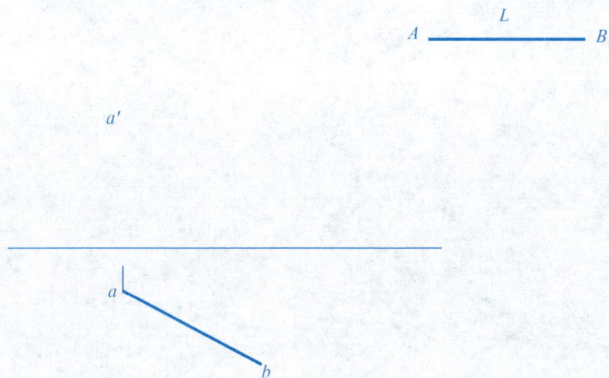

16. 已知直线 CD 的投影，试求线上一点 M 的投影，并使 DM 长度为 20mm。

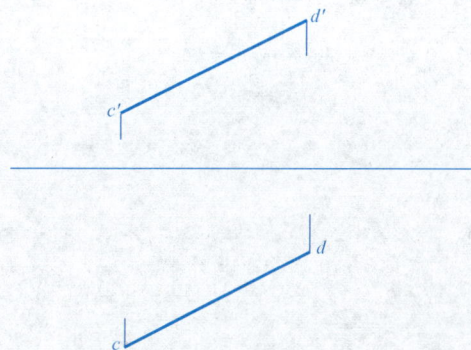

17. 判别下列两直线的相对位置。

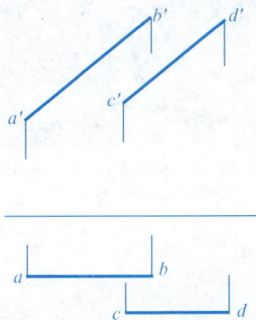

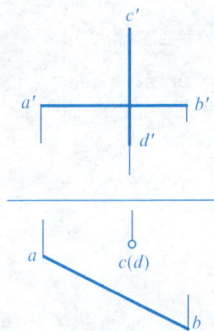

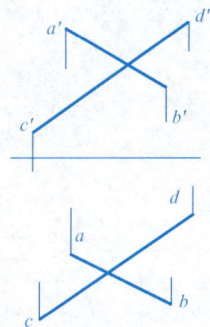

18. 判别下列两直线 *EF* 和 *GH* 的相对位置。

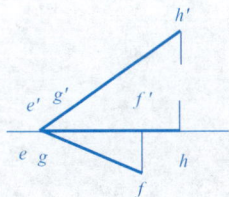

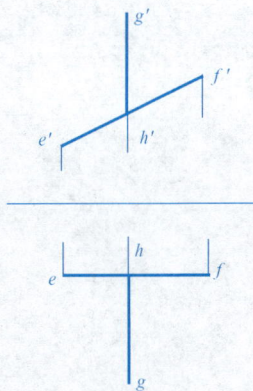

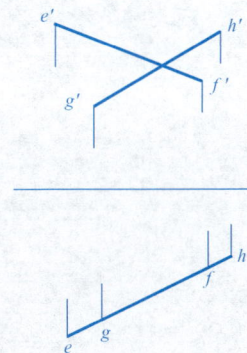

## 直线的投影

19. 判别下列两直线的相对位置。

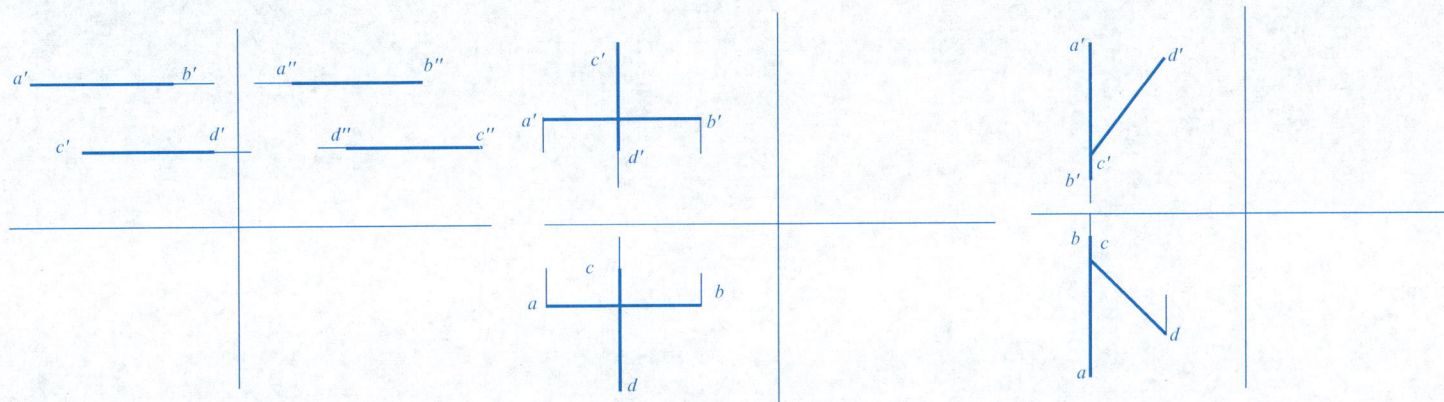

20. 试过点 $A$ 作一直线平行于 $V$ 面，且与 $CD$ 直线相交。

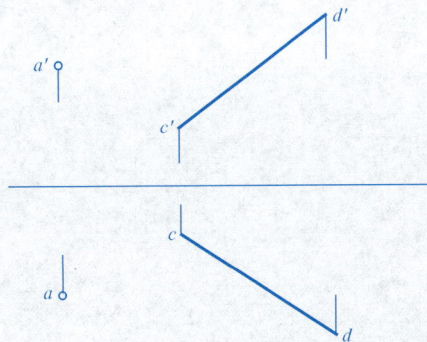

21. 试作一直线与直线 $AB$、$CD$ 相交，且平行于直线 $EF$。

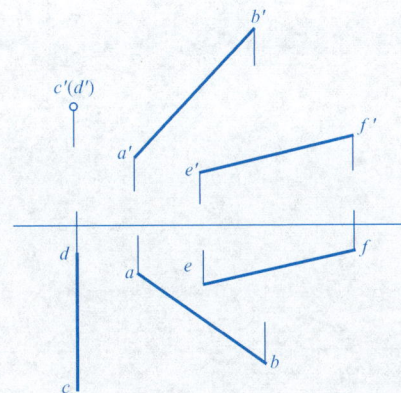

22. 直线 *EF* 在 △*ABC* 上，已知直线 *EF* 的一个投影，求另一个投影。

(1)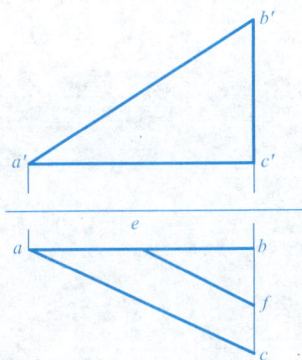

(2)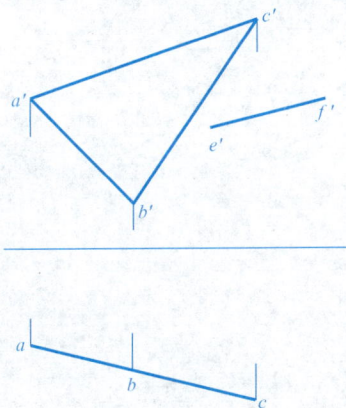

(3)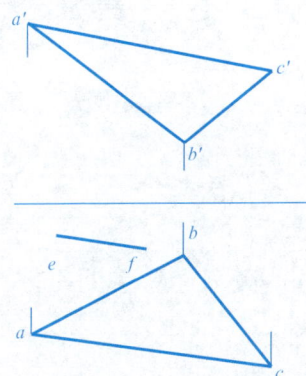

(4)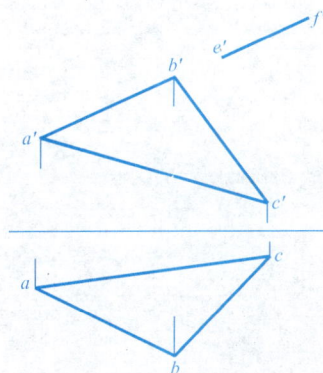

23. 在所给平面上，作一条直线 *EF*，使 *EF*∥*AB*。

24. 已知△*ABC* 的投影：

(1) 在△*ABC* 上过点 *B* 作 *H* 面平行线。

(2) 在△*ABC* 上过点 *C* 作 *V* 面平行线。

(1)

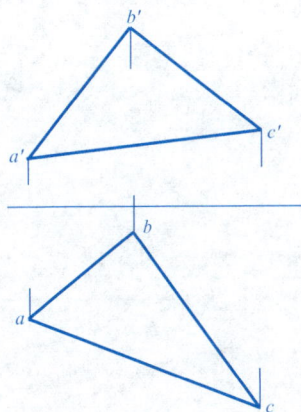

(2)

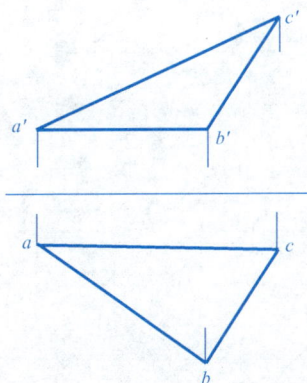

(1)

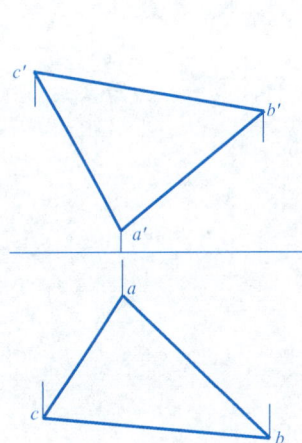

(2)

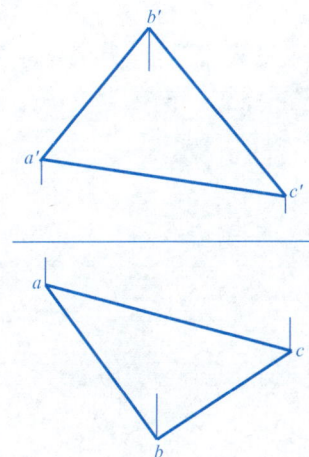

## 平面的投影

1. 根据轴测图，标出 A、B 面的三个投影及 A、B 面与三个投影面的相对位置。

(1)

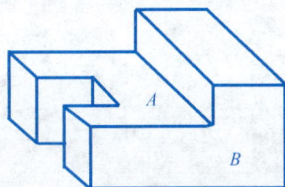

A _____ V
_____ H
_____ W
A 是 _____ 面
B _____ V
_____ H
_____ W
B 是 _____ 面

(2)

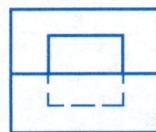

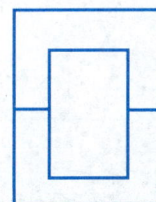

A _____ V
_____ H
_____ W
B 是 _____ 面
B _____ V
_____ H
_____ W
A 是 _____ 面

## 平面的投影

2. 指出下列平面的空间位置。

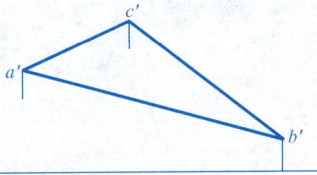
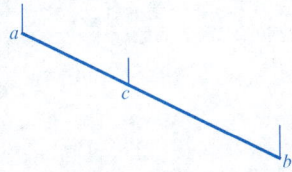

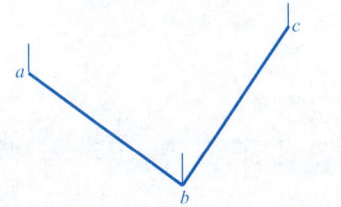
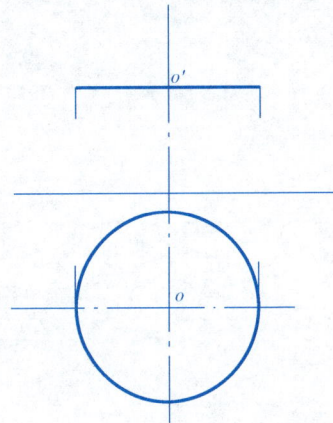
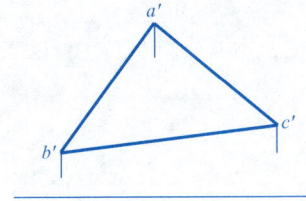
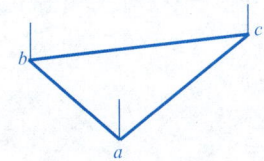

3. 补全平面的 $W$ 面投影，并说明其空间位置。

(1)                    (2)                    (3)

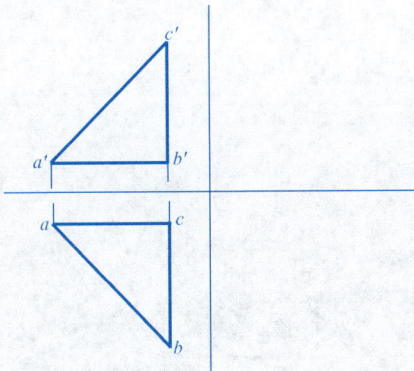
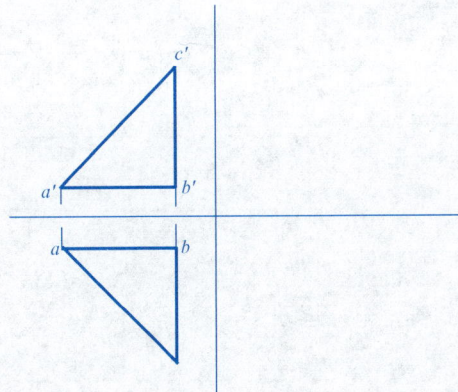
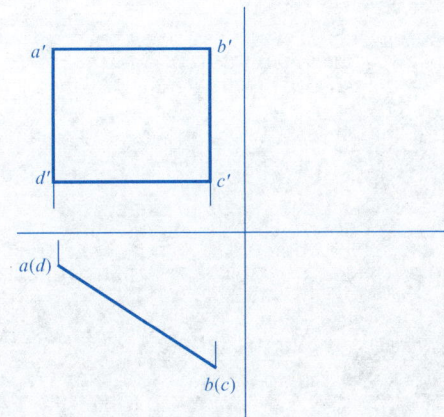

## 直线和平面、平面与平面相对位置

1. 判别直线与平面相对位置。

(1)

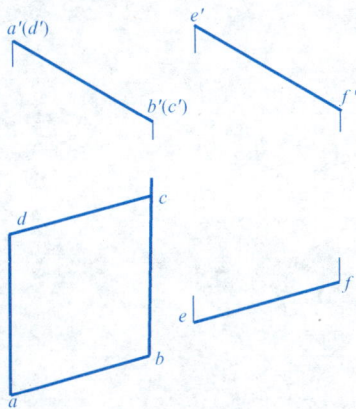

(2)

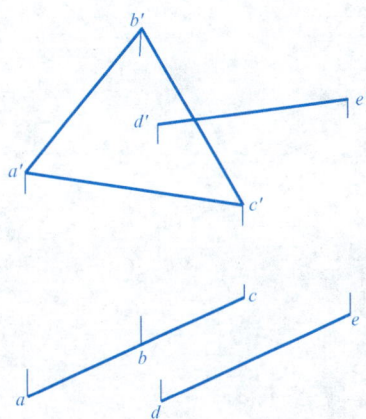

(3)

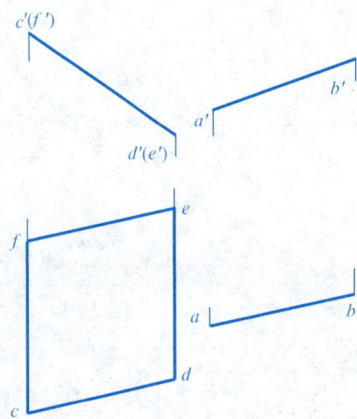

(4)

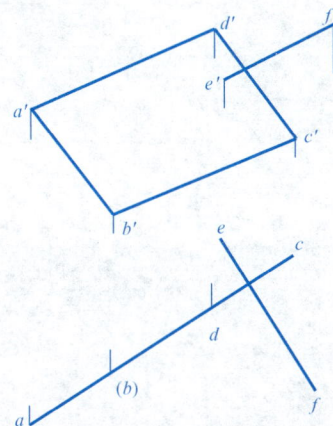

2. 过点 A 作直线 AB 平行于平面 r。

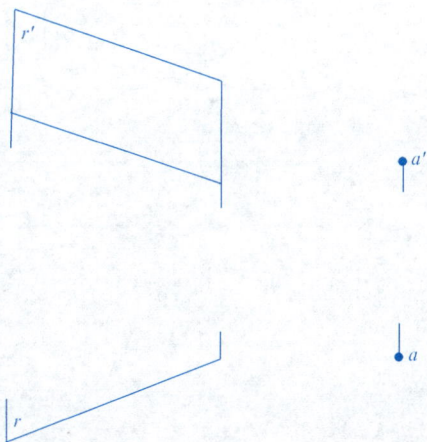

3. 过直线 AB 作铅垂面 Q 平行于 CD。

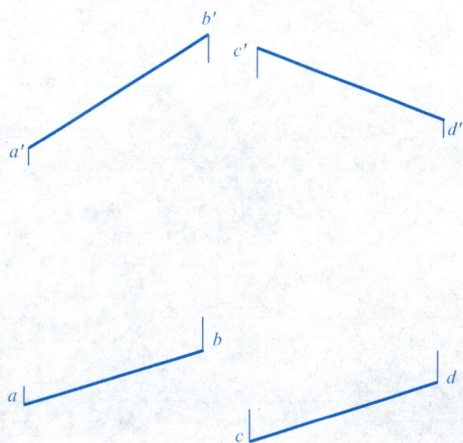

4. 过点 K 作平面 R 垂直于水平线 CD。

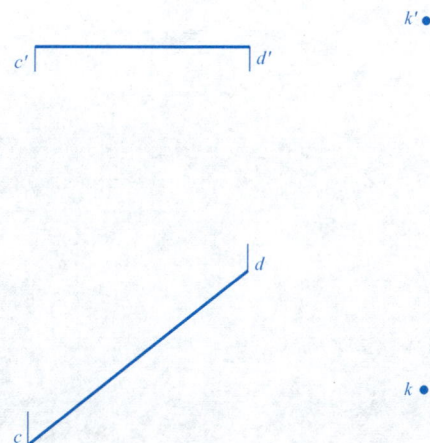

直线和平面、平面与平面相对位置

5. 求直线与特殊位置平面的交点，并判别可见性。

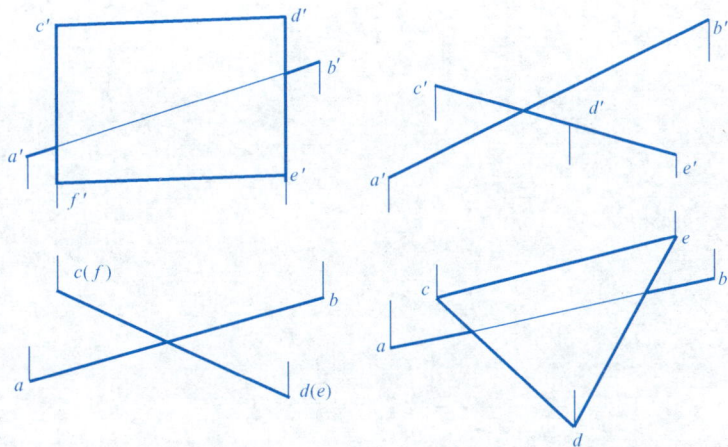

6. 求一般位置平面与投影面垂直面的交线，并判别可见性。

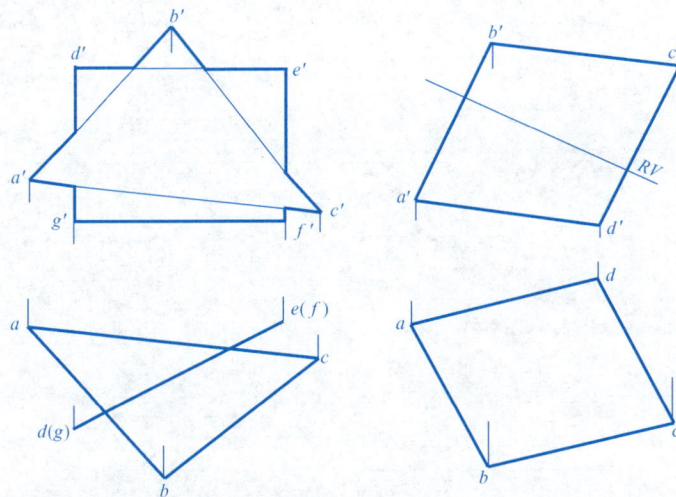

19

7. 判别下列直线与平面是否平行。若不平行，则求交点。并判别可见性。

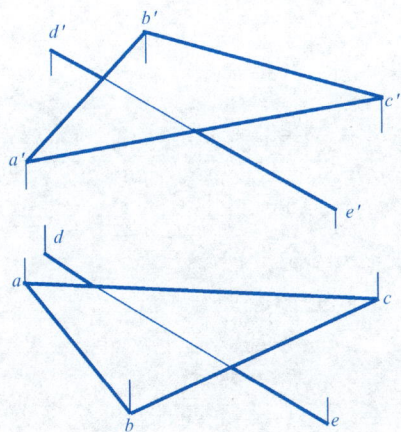

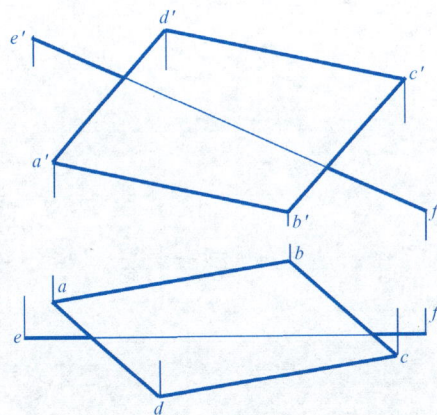

# 投影变换

1. 用换面法求直线 $AB$ 的实长及其对 $H$ 面的倾角。

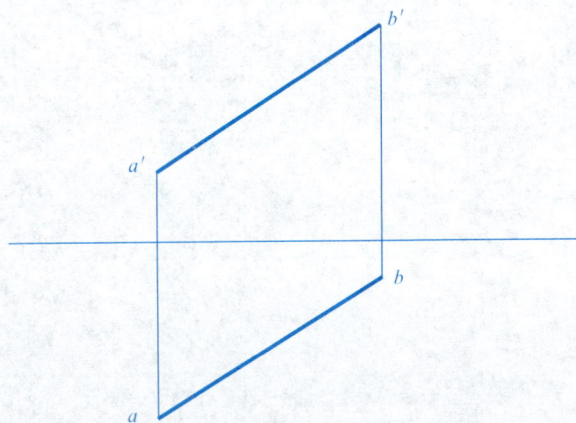

2. 用换面法将一般直线 $AB$ 变为投影面的铅垂线。

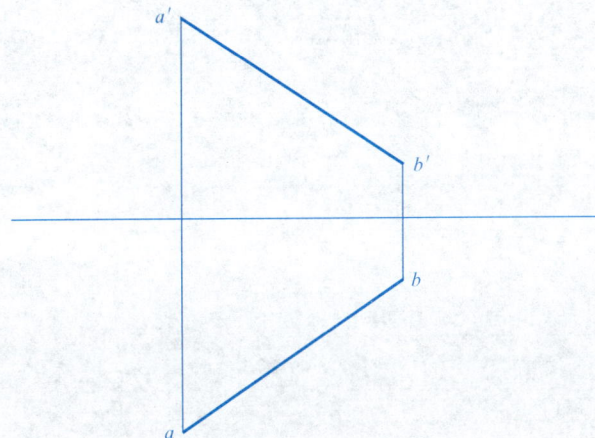

3. 用换面法求平面 *ABC* 对 *H* 面的倾角 α。

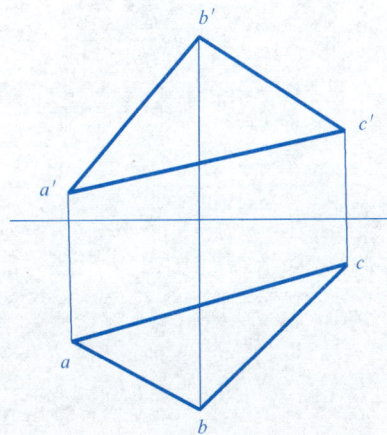

4. 用换面法求铅垂面 *ABC* 的实形。

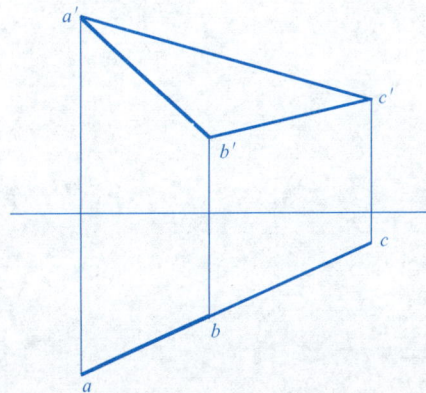

5. 在平面 *ABC* 内作一条直线 *AD*，使其与 *AB* 的夹角为 30°

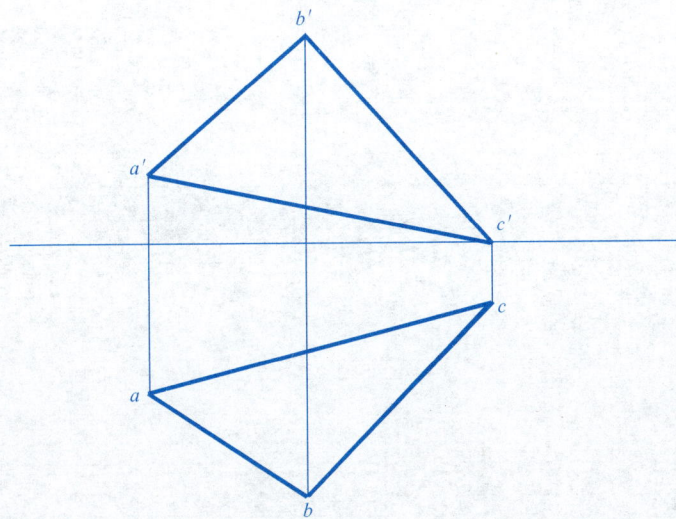

6. 求作四棱柱的正面投影。

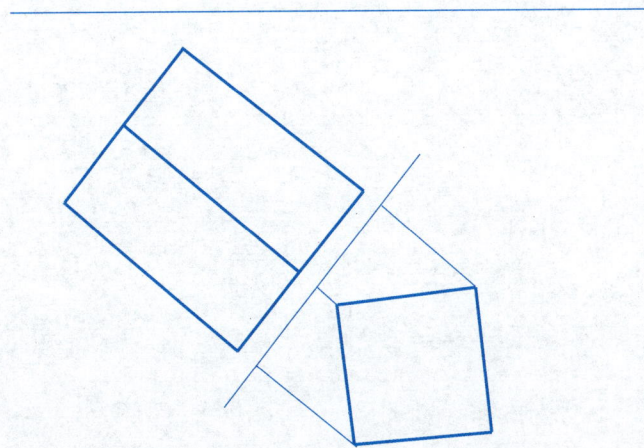

# 体的投影

1. 请完成正五棱柱的未知投影（高为20cm）。

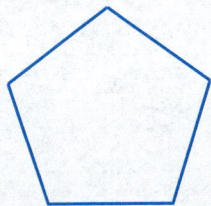

2. 请完成正四棱锥的 $V$、$W$ 面投影（高为20cm）。

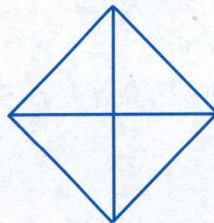

**体 的 投 影**

3. 请完成三棱锥及其表面上点的未知投影。

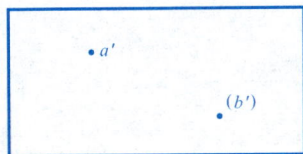

4. 请补全三棱锥及其表面上点的未知投影。

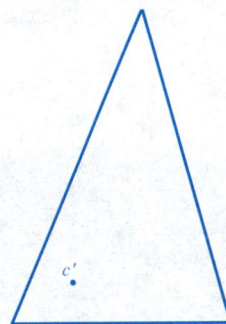

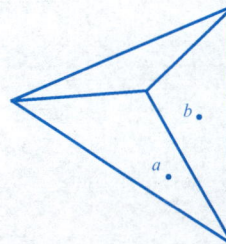

5. 请补出带缺口的四棱锥台的 *H*、*W* 面投影。

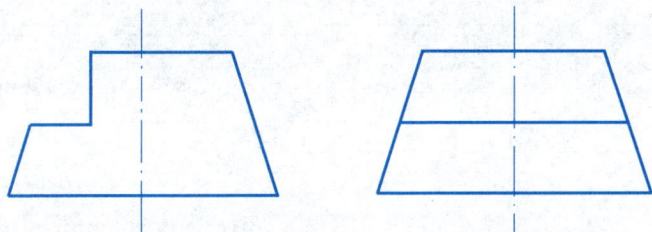

6. 请求出带缺口的三棱柱的 *H*、*W* 面投影。

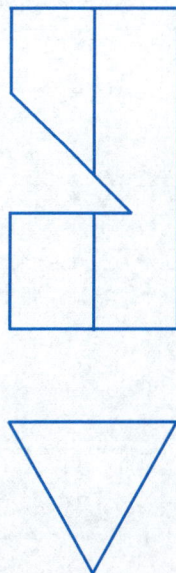

**相贯**

1. 求直线与长方体相交后贯穿点的两面投影。

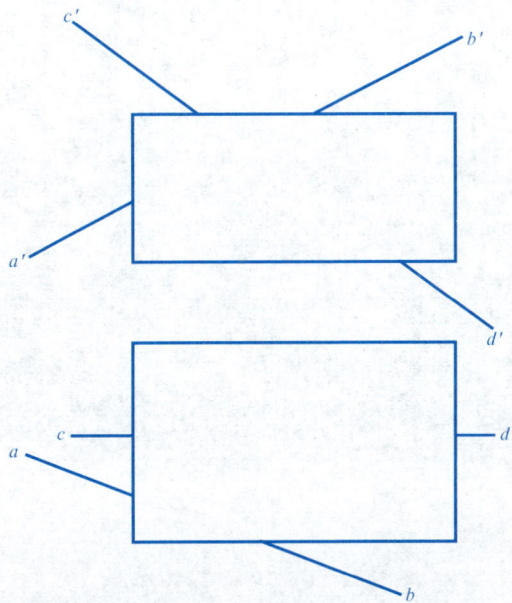

2. 求直线与三棱锥相交后贯穿点的两面投影。

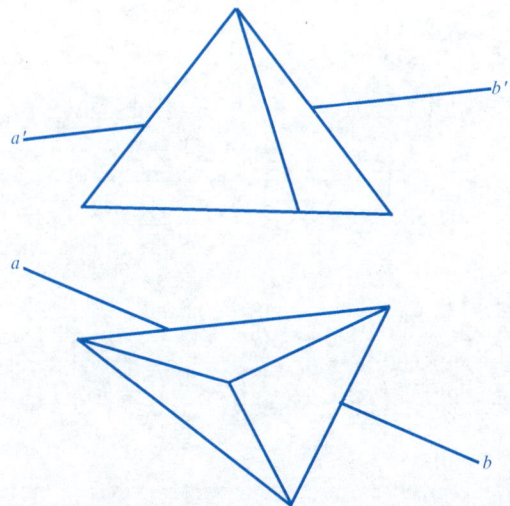

3. 请补全两三棱柱相贯后的 *V* 面投影。

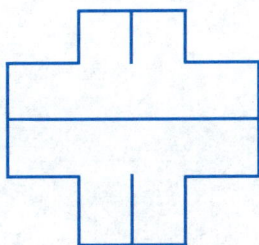

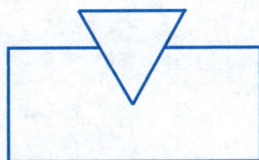

4. 请绘出烟囱、虎头窗与屋面的交线。

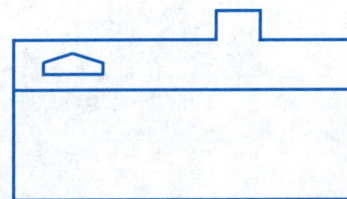

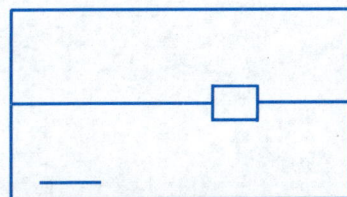

5. 请完成三棱锥与三棱柱相贯后的投影。

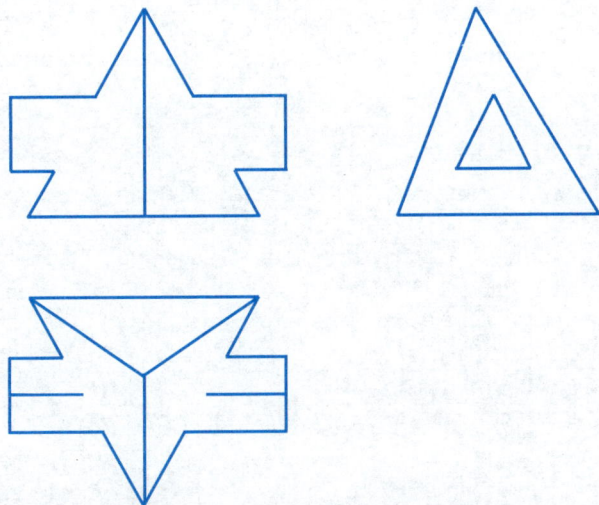

6. 请补全带三角形孔洞三棱柱的 *H*、*W* 面投影。

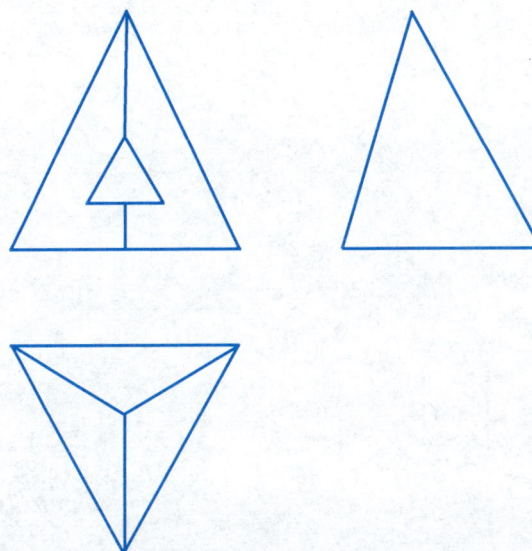

7. 求两半圆柱相贯的相贯线投影。

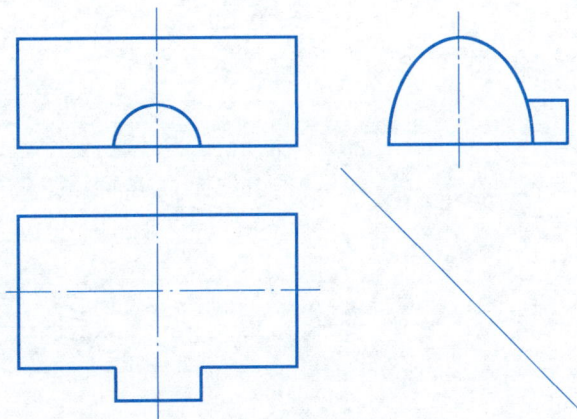

8. 请完成三棱柱与圆柱相贯后的 *V* 面投影。

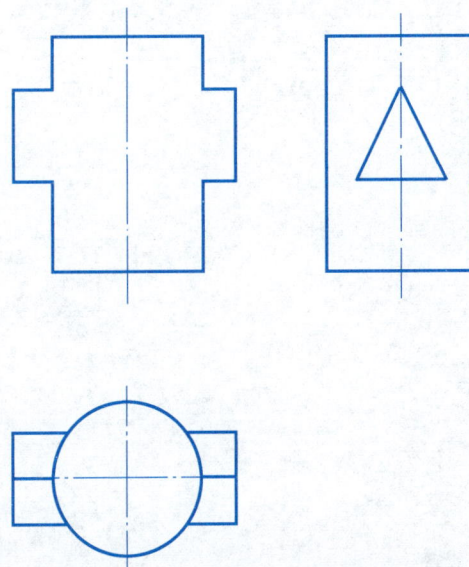

## 相贯

9. 请完成四棱柱与圆锥相贯后的三面投影。

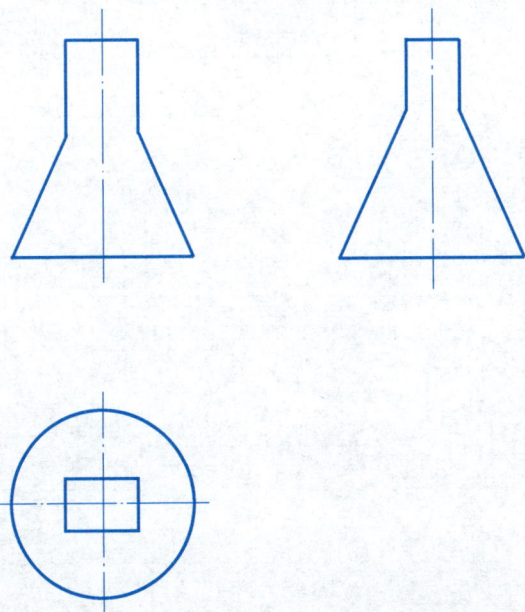

10. 请完成两圆柱相贯线的投影。

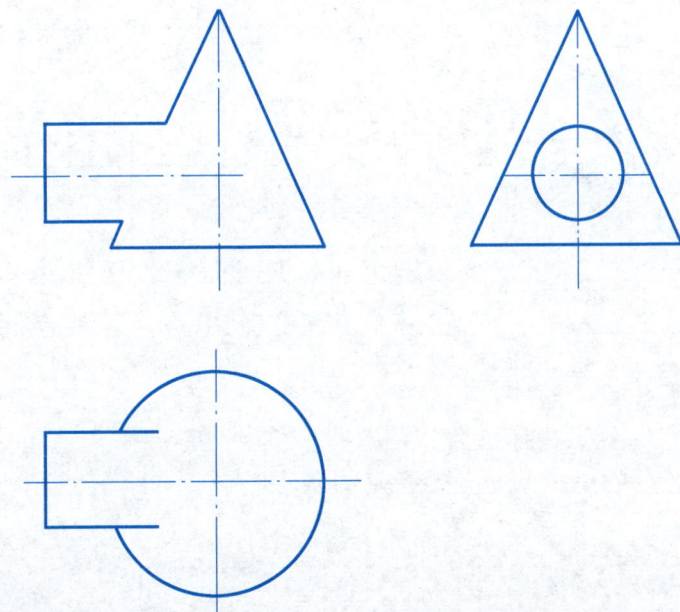

**相截**

1. 请完成正垂圆的 $H$ 面投影。

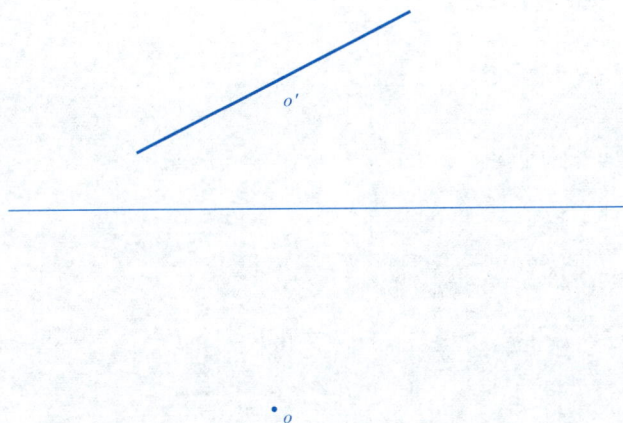

2. 请完成圆柱表面上点的三面投影。

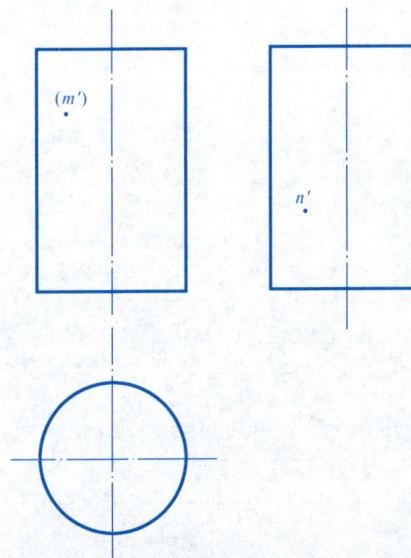

相截

3. 求圆锥表面上倒三角闭合线框的 $H$ 面投影。

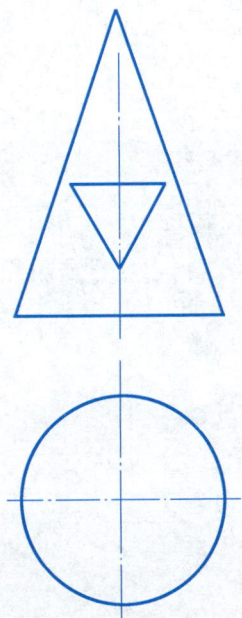

4. 请完成球面上一曲线的三面投影。

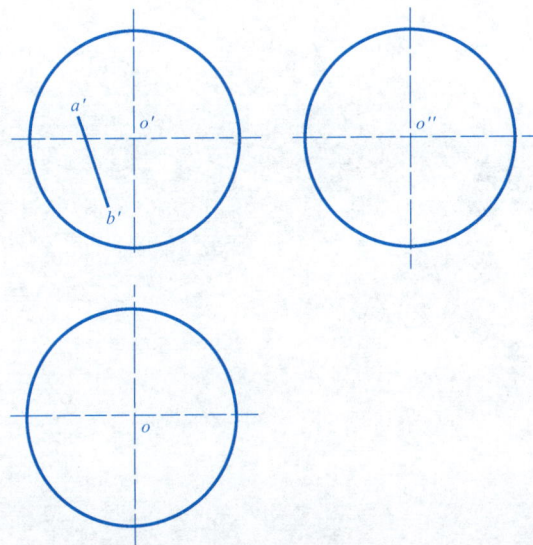

相截

5. 请完成圆环表面上三点的 *H* 面投影。

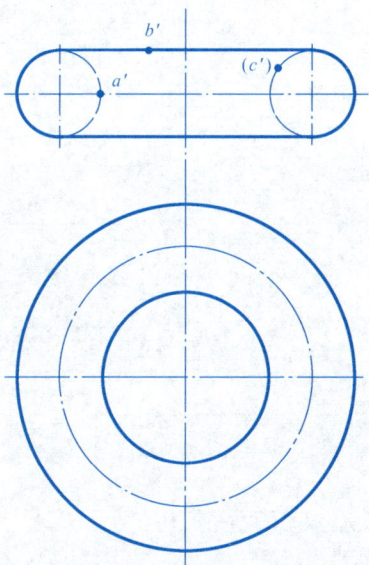

6. 请完成圆柱被斜切后的 *W* 面投影。

7. 请完成开槽圆柱的三面投影。

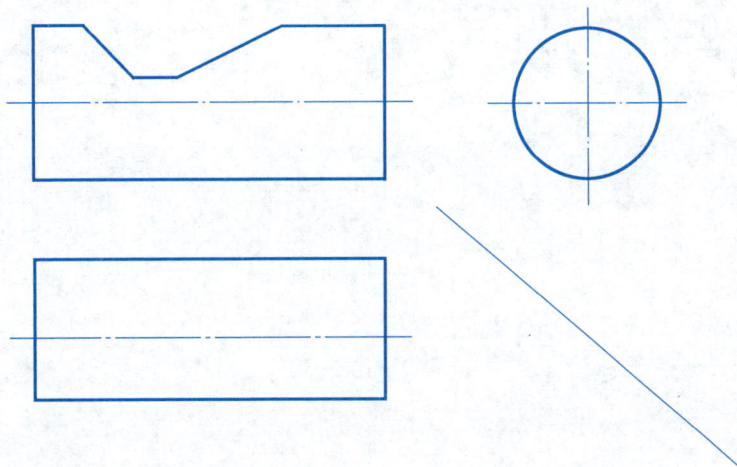

8. 请完成圆锥被一正垂面剖切后的 H 面投影。

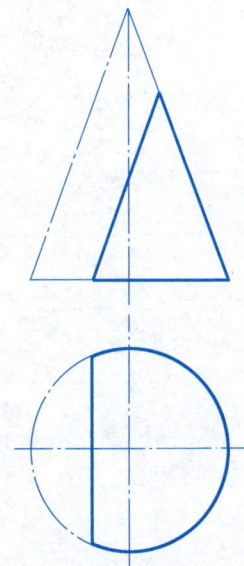

**相截**

9. 请完成圆锥被一正平面剖切后的 *V* 面投影。

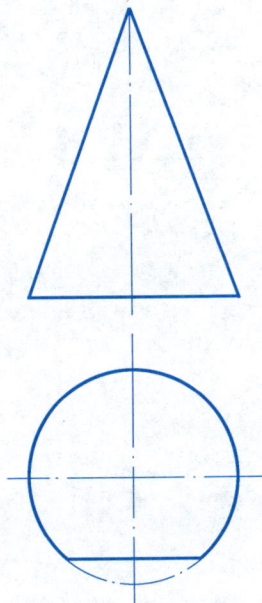

10. 请完成被平面截切后的圆锥的三面投影。

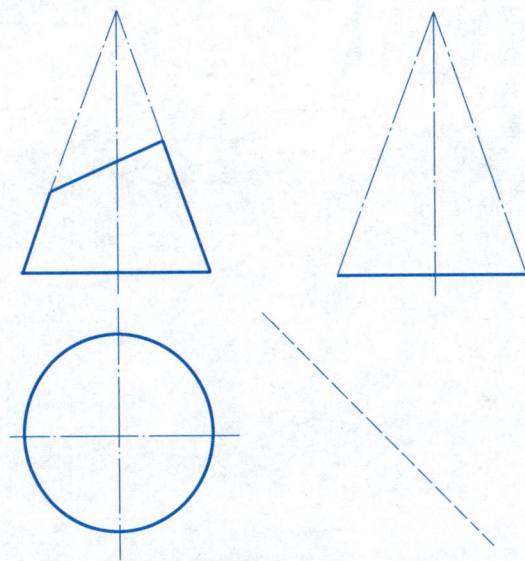

11. 请完成有缺口圆锥的 *H* 面投影。

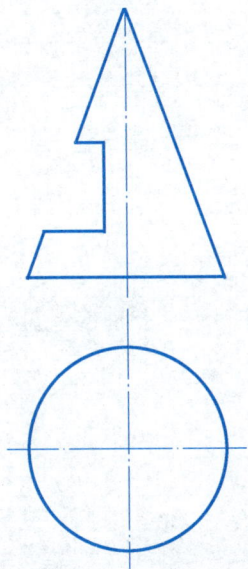

12. 请完成球被两平面截切后的 *H*、*W* 面投影。

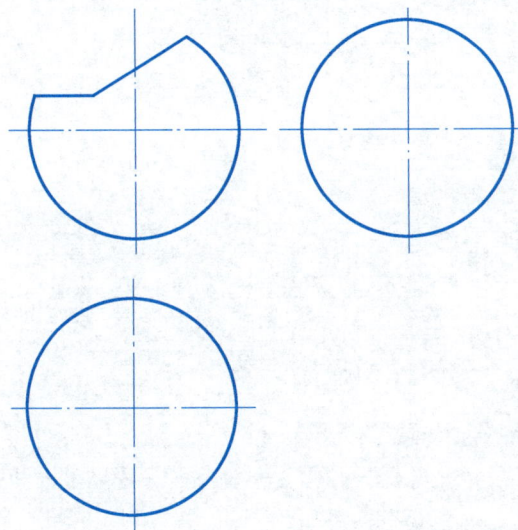

# 相交

1. 求直线与圆柱相交后的贯穿点的投影。

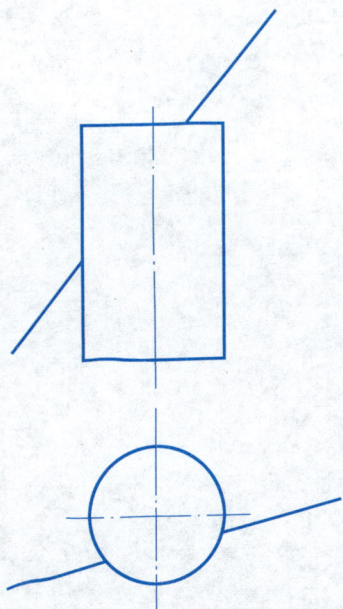

2. 求直线与圆锥相交后贯穿点的投影。

**轴测投影**

1. 根据正投影图，画出正等测图。

(1)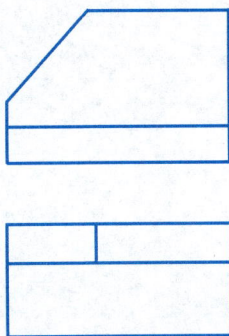

(2)

(3)

（4）

（5）

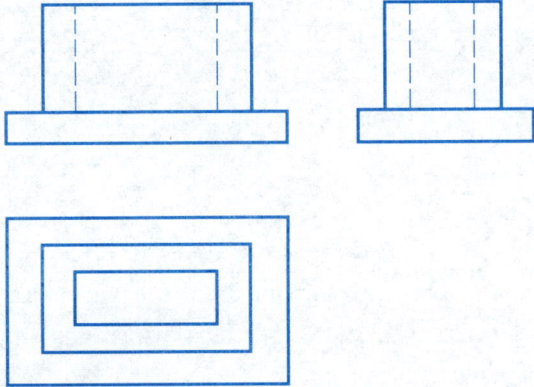

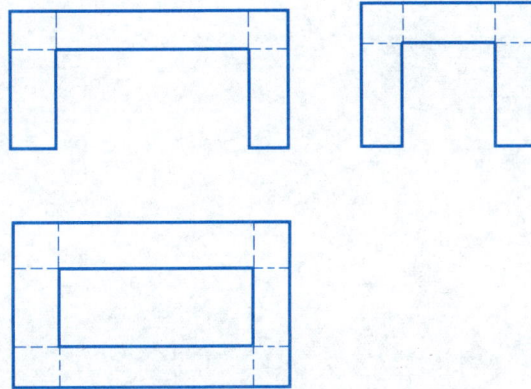

(6)

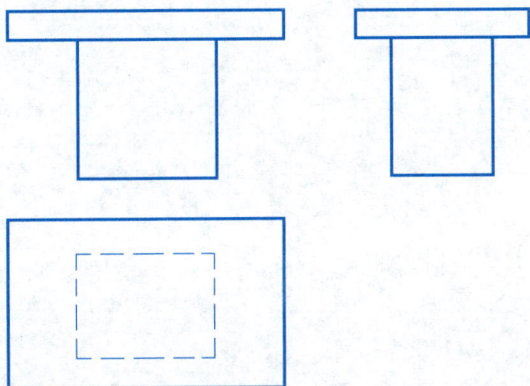

(7)

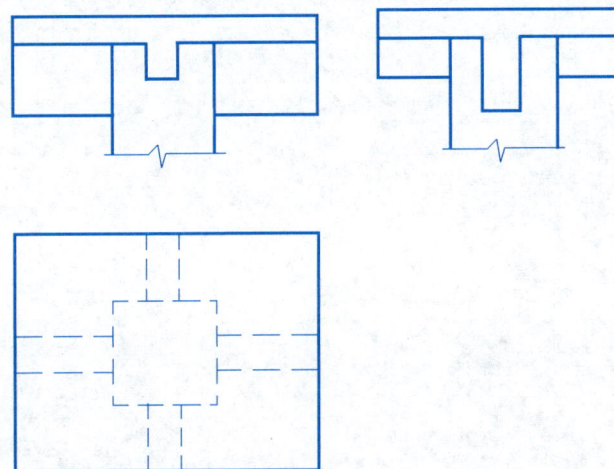

**轴测投影**

2. 根据正投影图，画出斜轴测图。

(1)

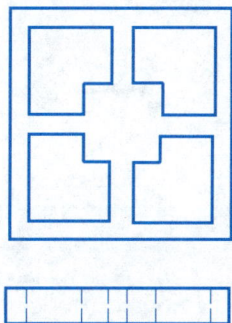

(2)

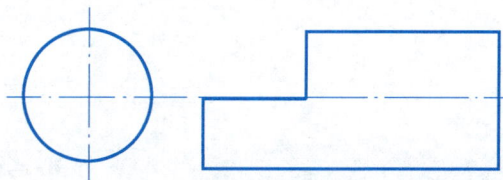

(3)（水平斜轴测）

3. 根据正投影图，画出正等测图。

(1)

(2)

(3)

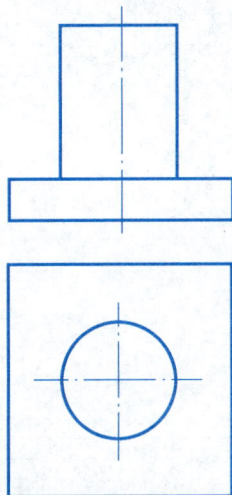

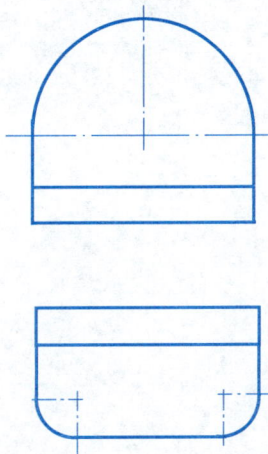

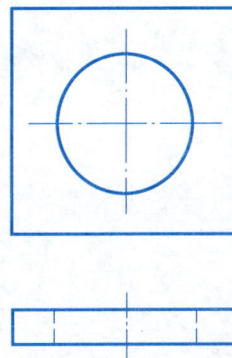

# 轴测投影

4. 根据正投影图，画出轴测图（自备图纸，放大比例自定）。

(1) 正等测

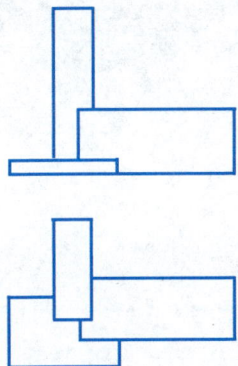

(2) 正等测

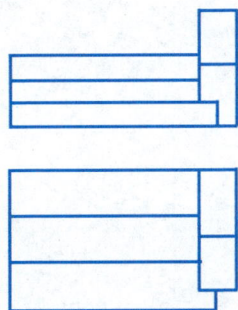

(3) 正等测

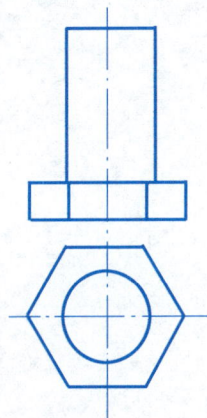

(4) 正等测

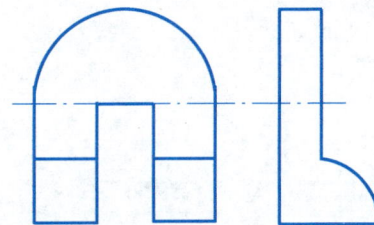

(5) 正二测

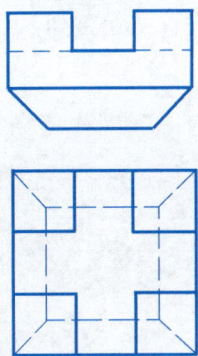

(6) 正二测

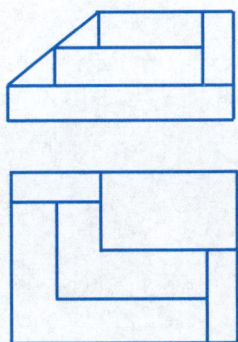

(7) 正面斜轴测

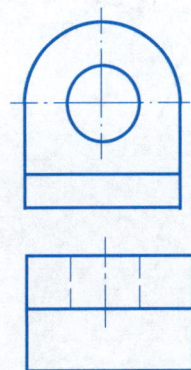

(8) 水平斜轴测

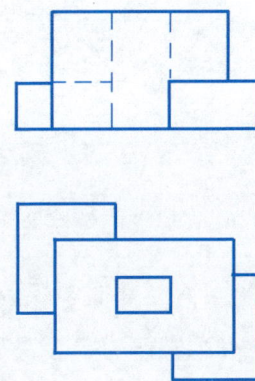

# 基本形体的正投影图

1. 根据直观图，找投影图。

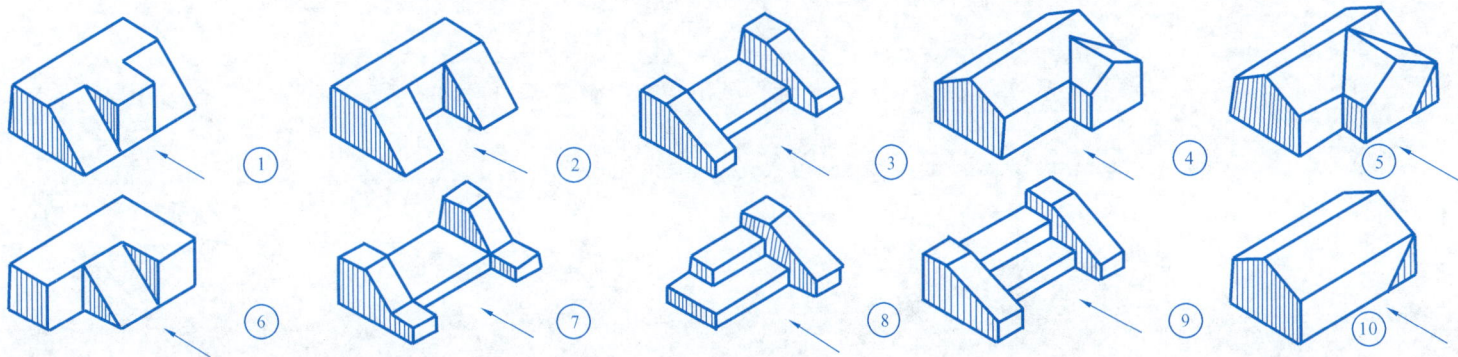

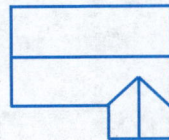

# 基本形体的正投影图

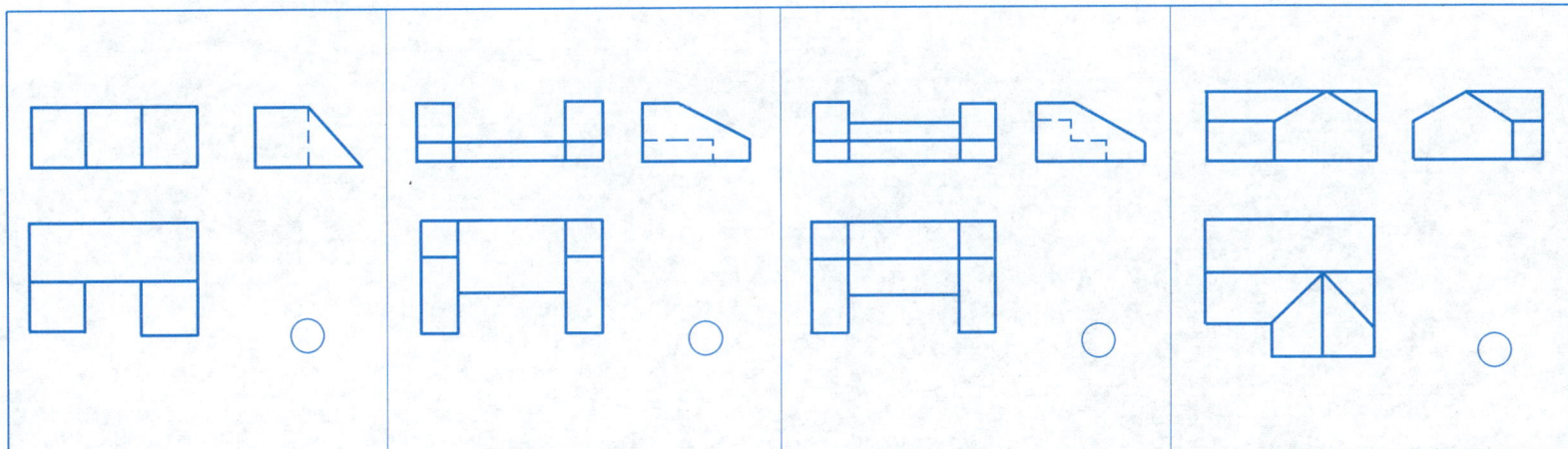

2. 根据直观图，找投影图。

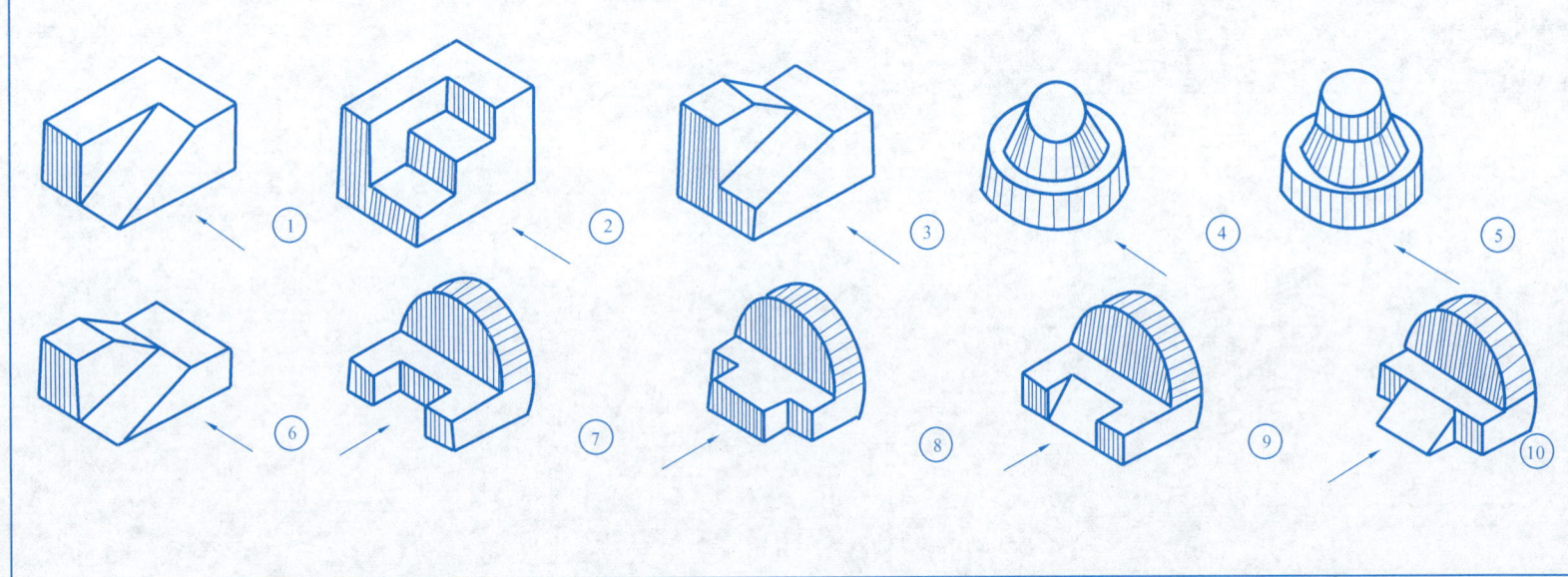

基本形体的正投影图

## 基本形体的正投影图

3. 根据直观图，画出形体的正投影图。

(1)

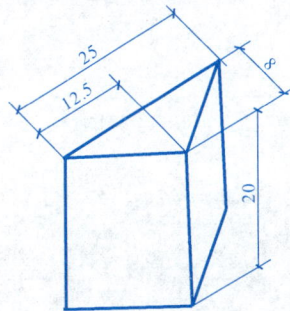

(2)

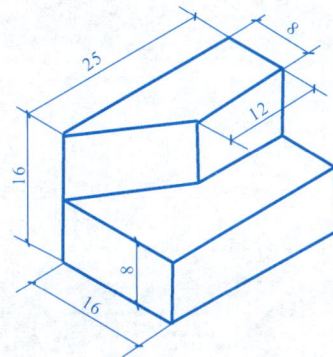

(3)

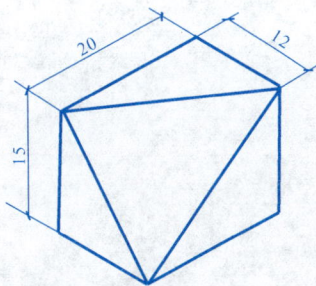

(4)

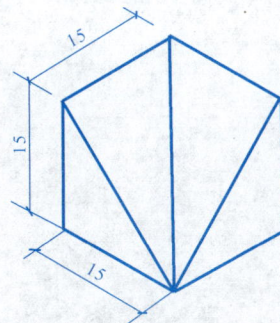

## 基本形体的正投影图

4. 根据立体图，画各平面立体的三面投影图。

(1)

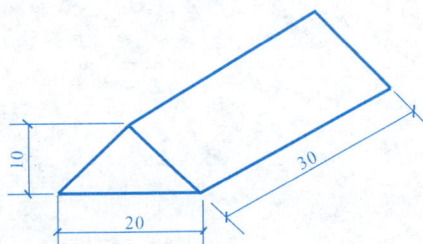

(2)

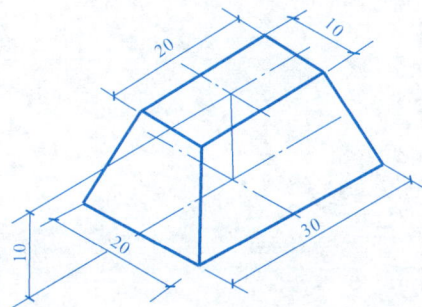

(3)

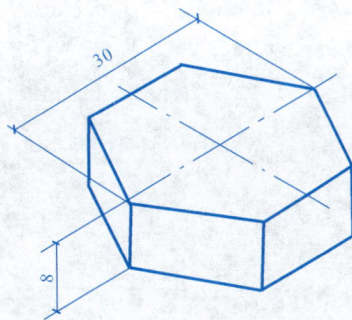

(4)

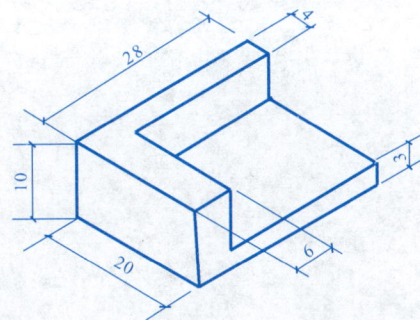

# 基本形体的正投影图

5. 根据立体图，画各形体的三面投影图。

(1)

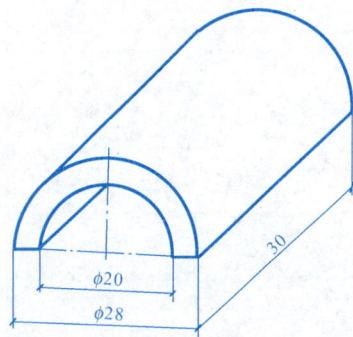

$\phi20$
$\phi28$
30

(2)

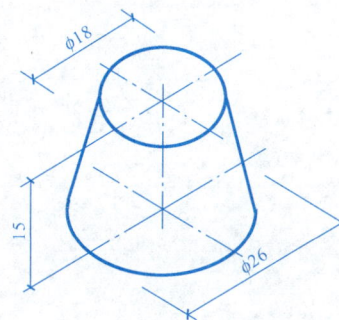

$\phi18$
15
$\phi26$

(3)

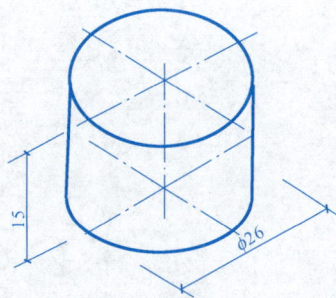

15
$\phi26$

(4)

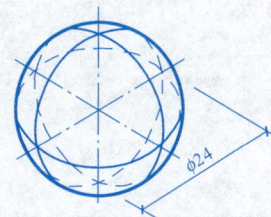

$\phi24$

## 组合体投影

1. 根据立体图，画形体的三面投影图（尺寸由立体图中量取）。

(1)

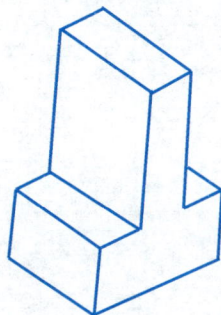

(2)

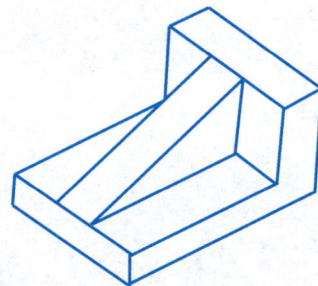

(3)

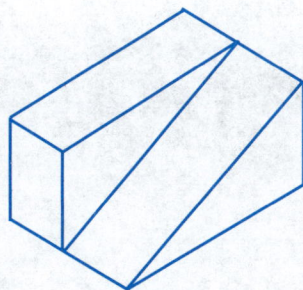

(4)

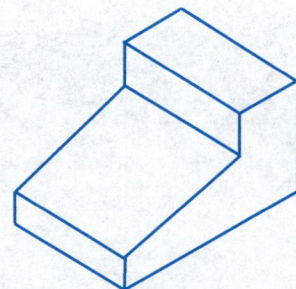

组合体投影

(5)

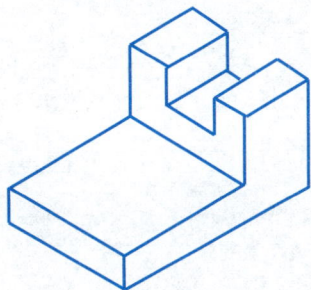

(6)

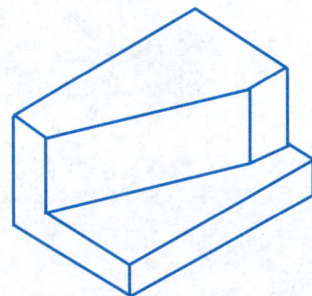

(7)

(8)

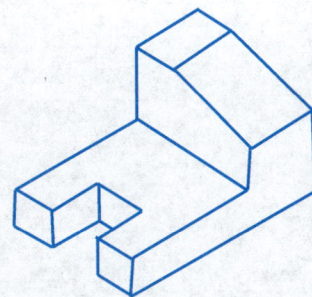

52

**组合体投影**

(9)

(10)

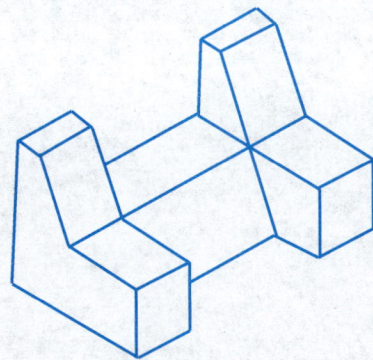

# 组合体投影

(11)

(12)

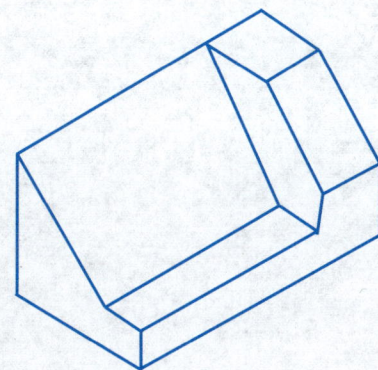

## 组合体投影

2. 根据直观图，画出形体的正投影图。

(1)

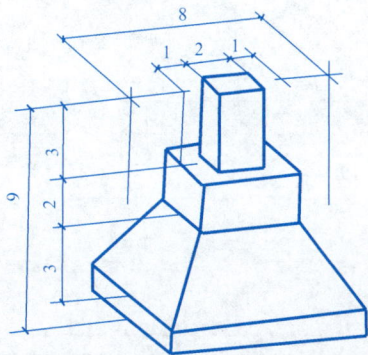

（宽度方向的尺寸与长度方向的尺寸相同）

(2)

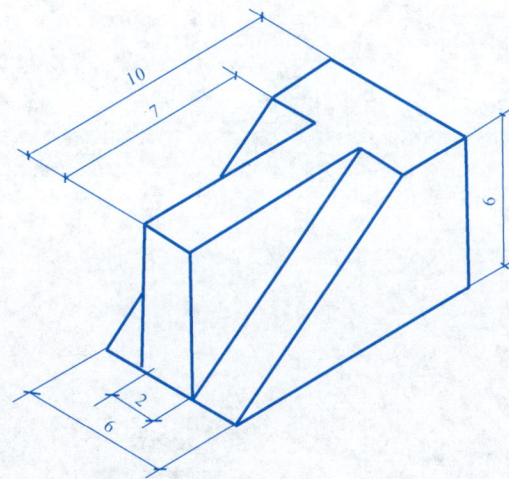

(3)

(4)

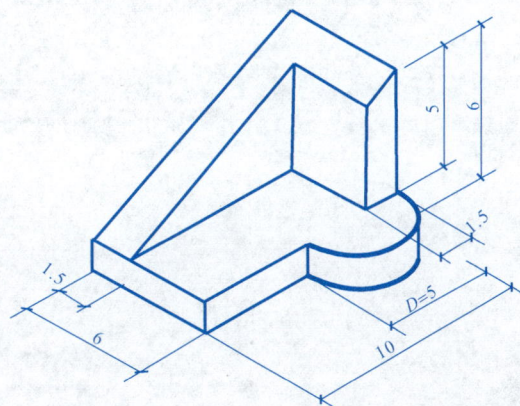

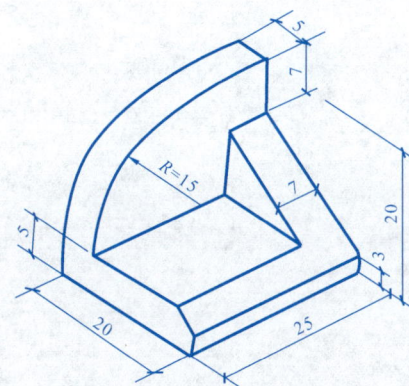

**补 图**

(1)
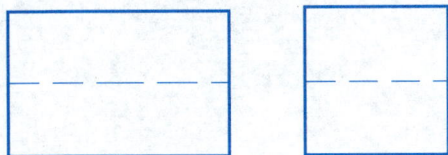

(2)

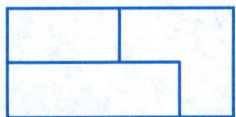

(3)
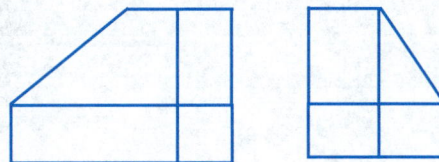

(4)
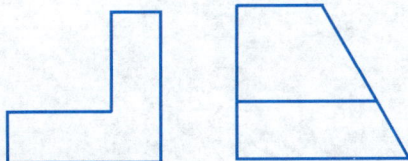

(5)

(6)
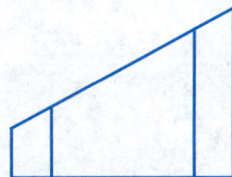

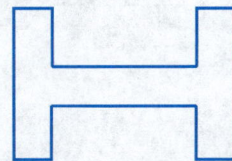

补 图

(7)

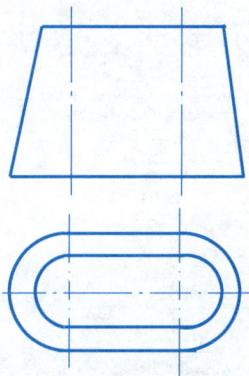

(8)

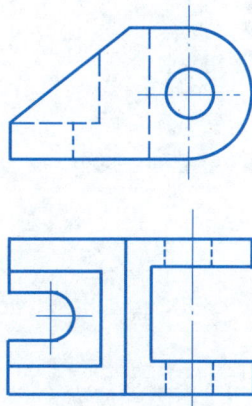

(9)

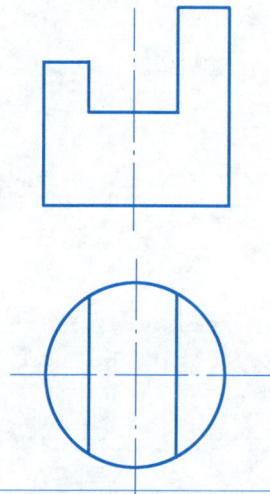

(10)

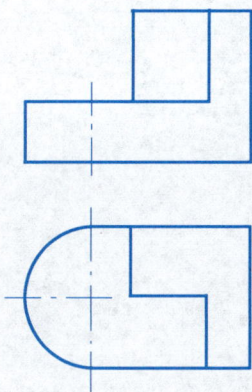

(11)

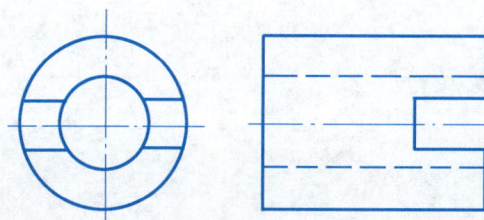

(12)

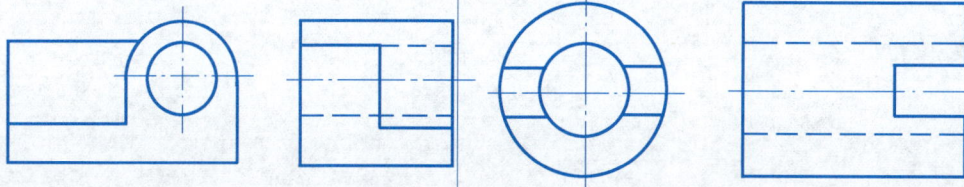

补图

(13)

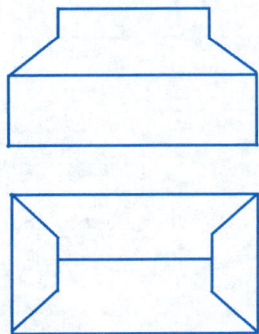

(14)

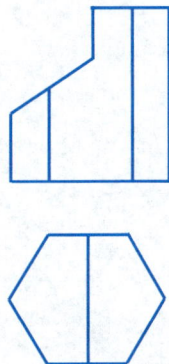

(15)

(16)

(17)

(18)

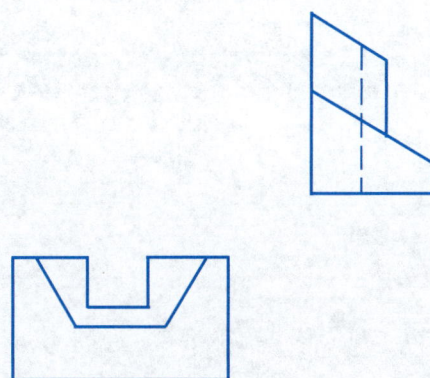

补线

(1)
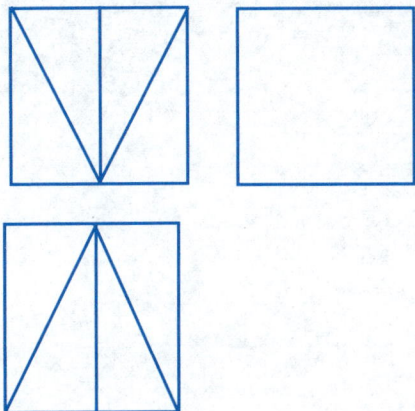

(2)
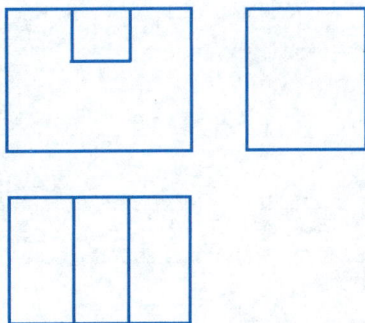

(3)
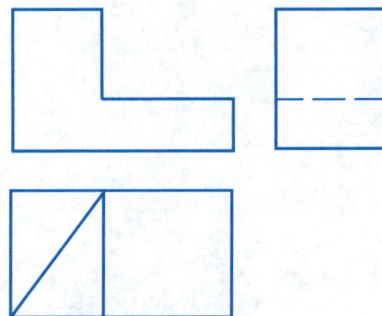

(4)

(5)
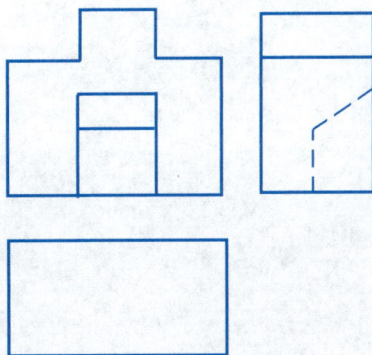

(6)
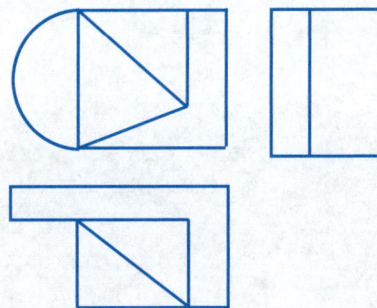

补线

(7)

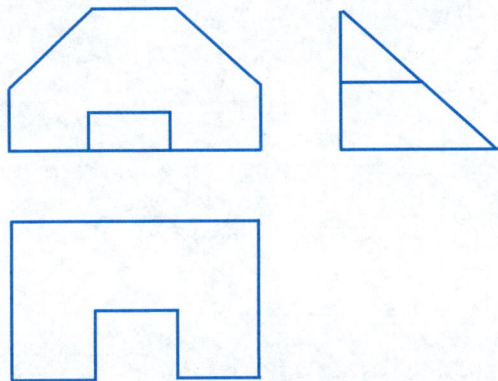

(8)

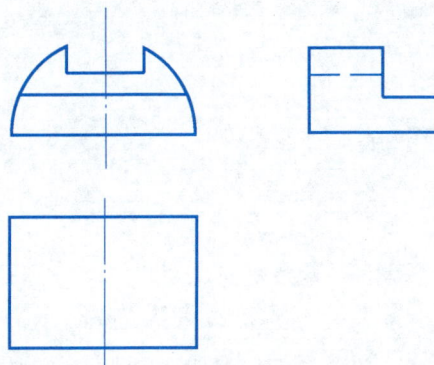

(9)

(10)

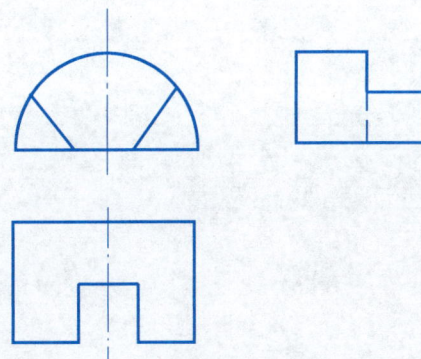

## 剖面图

1. 画出下列花格窗和空腹体的全剖面图。

(1)
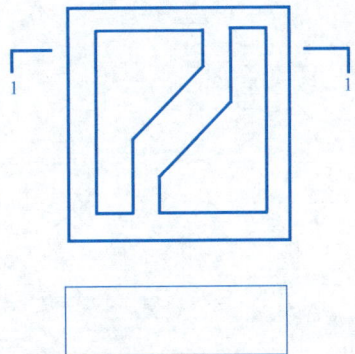

(2)
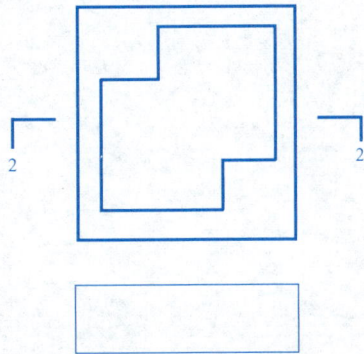

(3)
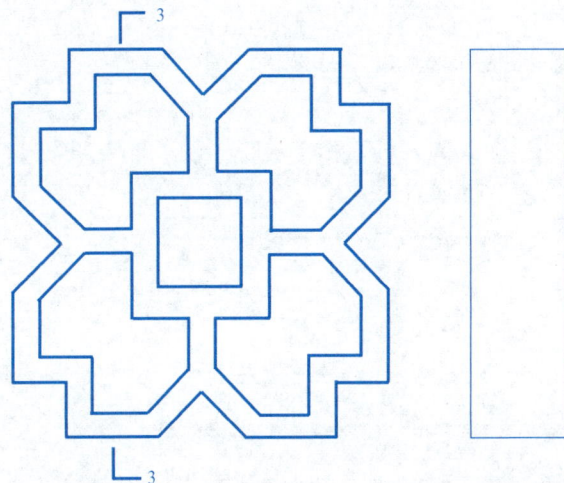

(4)
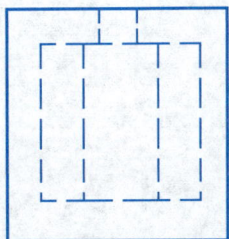

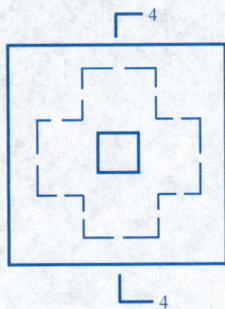

(5)

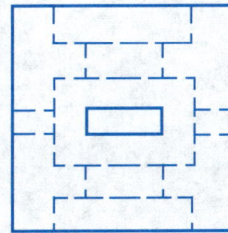

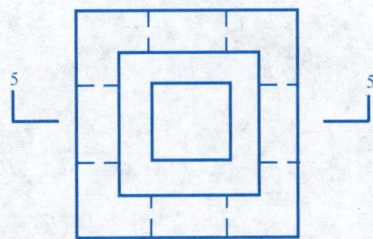

**剖面图**

2. 画半剖面图。

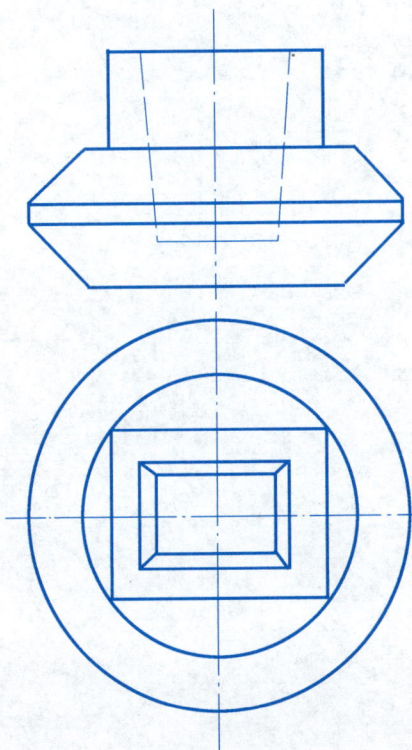

3. 画阶梯剖面图（先画出剖切位置符号，穿过二孔槽）。

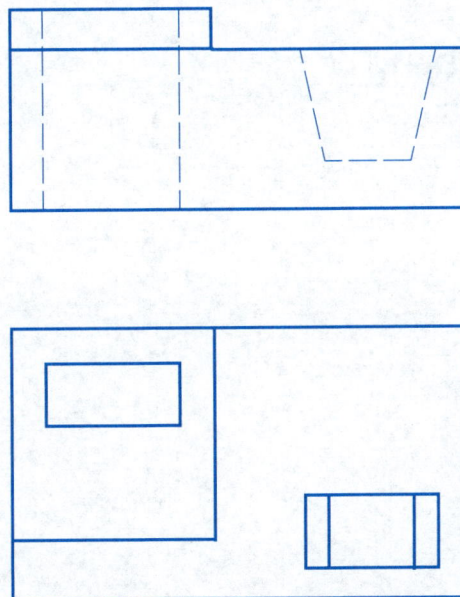

**剖面图**

4. 补绘建筑形体的 1—1 剖面图。

(1)

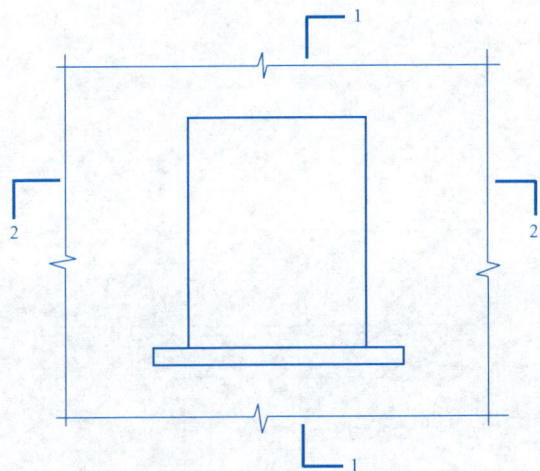

2—2剖面图

(2)

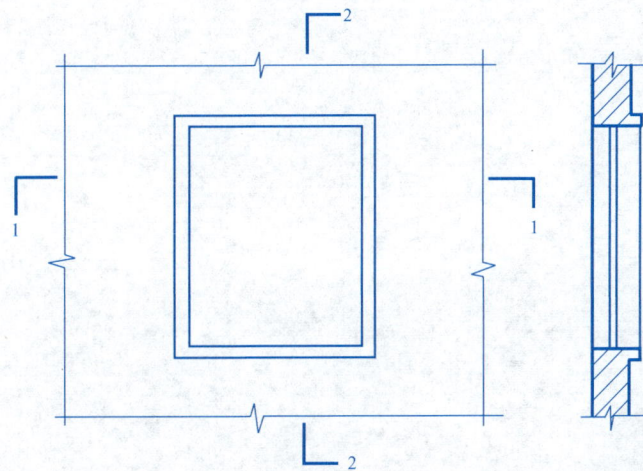

2—2剖面图

**剖面图**

5. 补绘建筑形体的 1—1 剖面图。

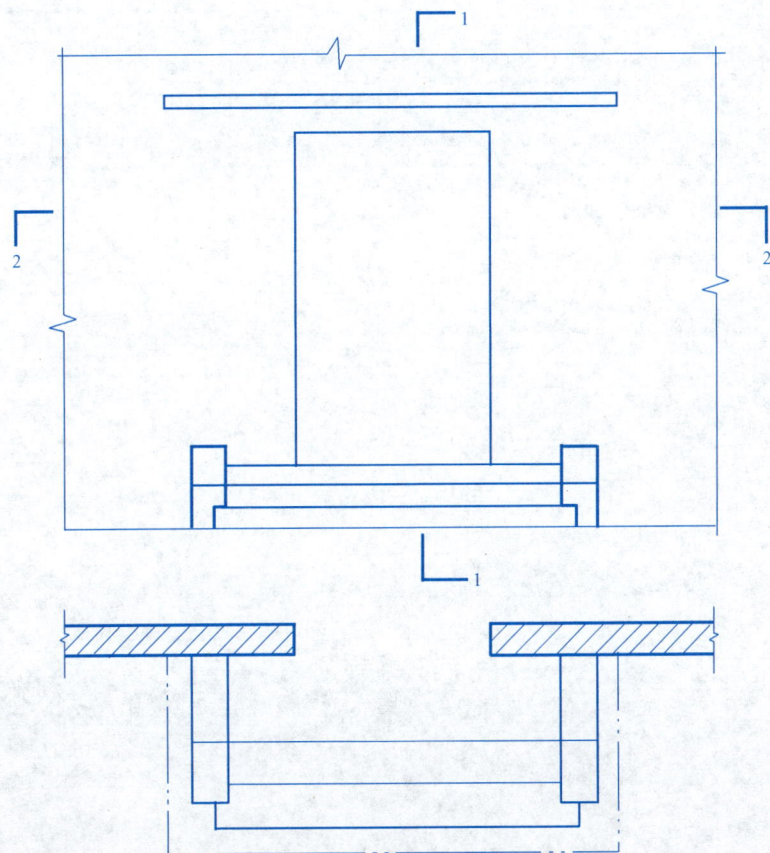

2—2剖面图

## 剖面图

6. 将水池的 $V$、$W$ 投影改为 1—1、2—2 剖面。

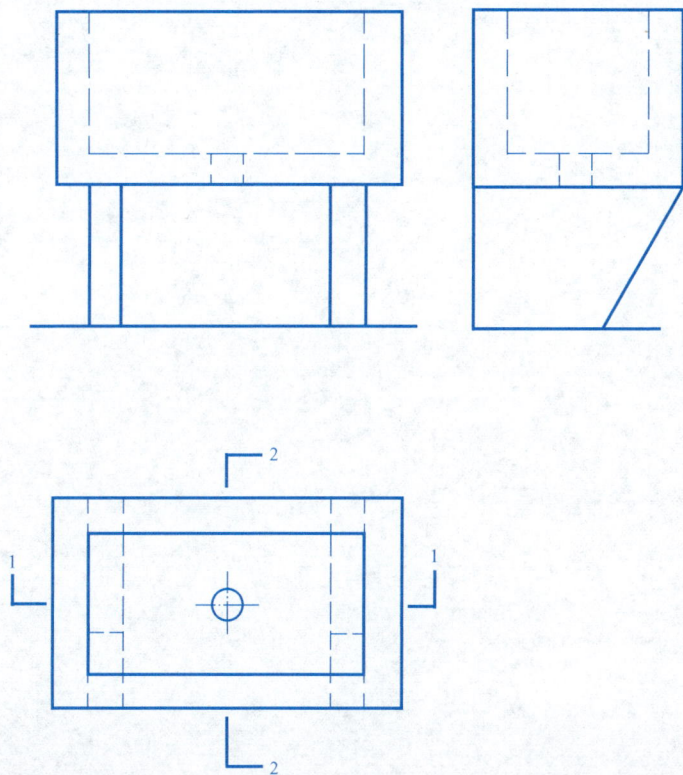

7. 将基础的 $V$、$W$ 投影改为合适的剖面图。

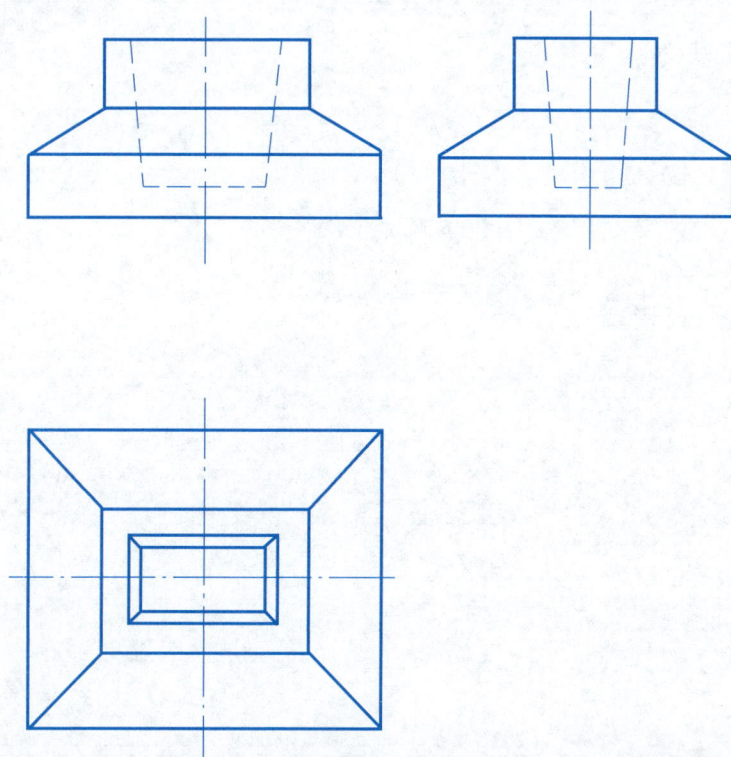

## 截 面 图

1. 作 T 形梁的 1—1、2—2 截面图。

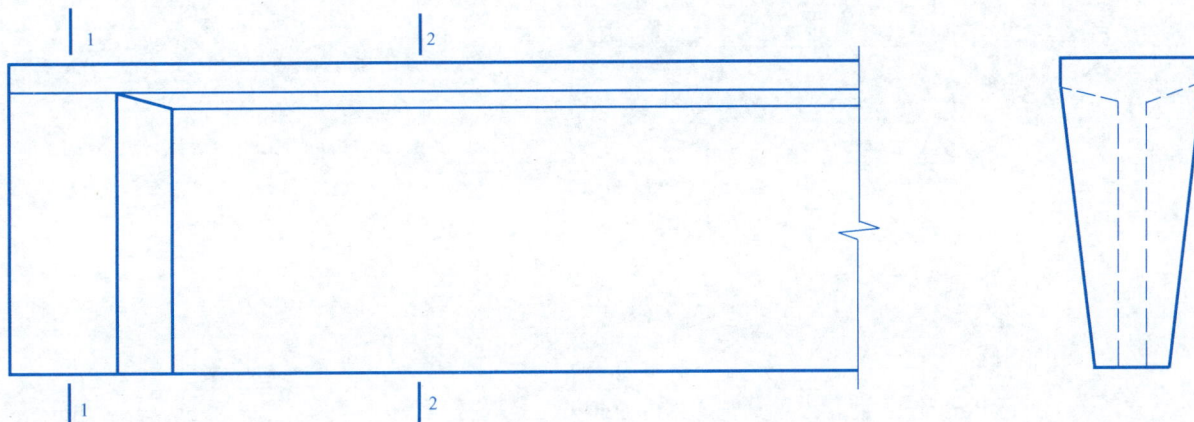

## 截面图

2. 作柱子的 1—1、2—2、3—3 截面图。

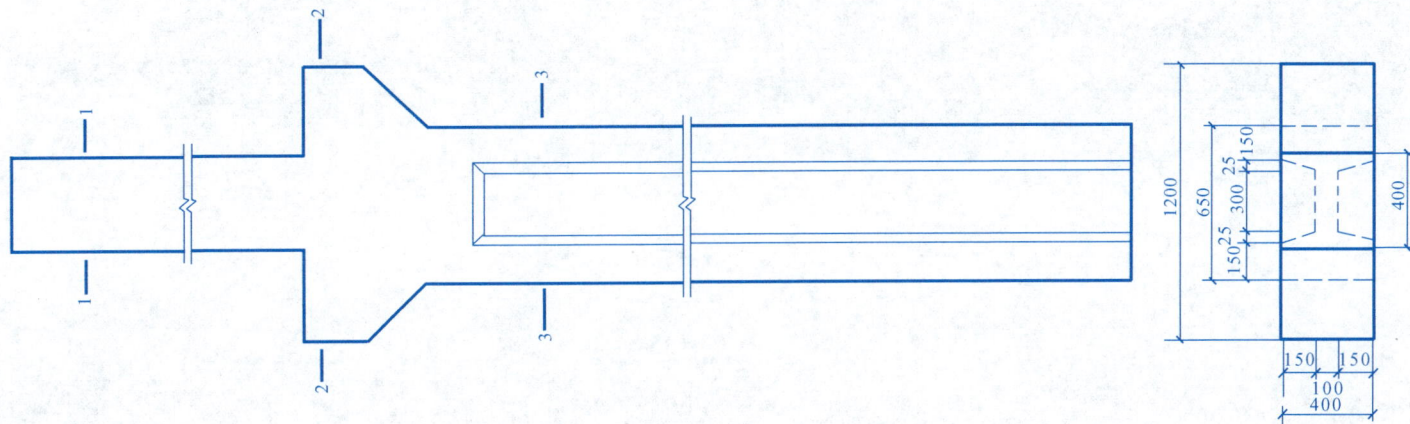

## 截 面 图

3. 作檩条的 1—1、2—2、3—3、4—4 截面图。

69

# 作业指导书

## 1. 目的

(1) 掌握建筑平、立、剖面图的图示方法及图示内容。

(2) 掌握建筑平、立、剖面图的绘图方法和绘图步骤。

(3) 了解建筑施工图的常用比例、符号、线型及常用画法。

(4) 掌握建筑施工图中尺寸的标注方法。

## 2. 绘图内容

绘制民用住宅的建筑平、立、剖面图及楼梯详图。

## 3. 绘图要求

(1) 图线：铅笔图。

(2) 比例：1：50。

(3) 图名：民用住宅平、立、剖面图及详图。

## 4. 绘图步骤

建筑平、立、剖面图是表示一幢房屋的平面布置、立面形状及装饰、建筑物内部构造的图样，它们之间有着内在的联系。绘图时，平、立、剖面图必须相互对应，尺寸应保持一致，并满足投影关系；应先合理布置图样，然后按照先平面、后立面、再剖面的绘图顺序，先画底稿，检查无误后加深图样，最后标注尺寸和文字说明。

(1) 绘制建筑平面图。

画定位轴线，定位轴线应为细点划线，线段伸入墙内 5～10mm，柱的轴线应穿过断面。

画墙宽，根据墙体的厚度与轴线的相对位置及所用的比例绘制墙体的宽度线。

确定门、窗的位置。根据平面图中的门、窗尺寸及与墙体的相对位置，以轴线为准画出门、窗的宽度线。

画细部，在首层平面图中，除了绘制被水平剖切平面剖到的门、窗及墙体外，还必须绘制看到的其他部分，如台阶、散水等。

最后绘制尺寸线、尺寸界限、尺寸起止符号、定位轴线编号、剖切符号及指北针等。

建筑平面图尺寸标注时，要标注三道尺寸，第一道细部尺寸，表明门、窗、窗间墙及墙厚尺寸等。第二道是轴线间的尺寸，表明房间的开间和进深。第三道是总尺寸，表示建筑物的总长、总宽。尺寸与尺寸线的间距为 7～10mm。尺寸界限要求排列整齐、长短一致。

在平面图上还应用相对标高标注地面、楼面标高，首层地面标高一般定为相对标高的零点，负数标高应该在数字前加注"－"，正数标高数字前不加"＋"。在首层平面图上还应标注剖切平面的位置。

(2) 建筑立面图。

画室外地坪线和起始轴线。

根据平面图上的尺寸、门、窗的位置等画铅垂线，根据建筑物的高度和比例画各部分的高度线。

画细部，如门、窗、雨篷、窗台、勒角、落水管等。

画标高符号。室外地坪、室内地坪、窗台、楼层等部位均应标注标高。

(3) 建筑剖面图。

根据首层平面图上的剖切位置，绘制建筑剖面图。绘图步骤如下：

## 建筑施工图

画定位轴线。

放墙宽。

画室内外地坪线、各层楼面线、雨篷、檐口等位置线。

定门、窗高度。

画尺寸线、尺寸界限、尺寸起止符号、标高符号及标注尺寸。

（4）加深图样。

建筑平、立、剖面图初稿绘制完毕，检查无误后，即可加深图线。

（5）注写尺寸数字和标高数字，加注说明。

（6）最后写图名、图标等。

## 某住宅楼建筑施工图
## 建筑设计说明

1. 本建筑物为一住宅楼，总建筑面积为 530.22m$^2$。

2. 阳台、厨房、厕所及楼梯标高应该低于楼层标高 20mm。

3. ±0.000 以上墙体和砂浆标号要求见结构设计说明。

4. 楼面：水泥楼面，45 厚 C20 细石混凝土，预制钢筋混凝土楼板，用于阳台、厨房、厕所楼梯外所有房间。

5. 外墙：水泥漆饰面，做法与颜色由甲方与分包厂家协商而定。

6. 瓦屋面均采用"英红彩瓦"，具体施工做法按照厂家要求。

7. 楼梯：楼梯栏杆及楼梯半层休息平台处护窗栏杆均采用铸铁，其余见结构施工图。

8. 除图中注明外，本工程所有内隔墙均应做到板底（或者梁底），并堵塞严密。

9. 门窗尺寸见门窗说明表所示。

门窗说明表

| 名称 | 编号 | 宽度 | 高度 | 数量 |
|---|---|---|---|---|
| 门 | M1 | 900 | 2100 | 4 |
| | M2 | 900 | 2100 | 17 |
| | M3 | 750 | 2100 | 10 |
| | M4 | 1800 | 2400 | 8 |
| | M5 | 1680 | 2900 | 3 |
| | M5a | 1980 | 2900 | 3 |
| | M5 * | 1680 | 2700 | 3 |
| | M5a * | 1980 | 2700 | 3 |
| | M6 | 3040 | 2400 | 1 |
| | M7 | 2740 | 2400 | 1 |
| | M1a | 900 | 2100 | 4 |
| 窗 | C1 | 1500 | 1500 | 4 |
| | C2 | 1560 | 1500 | 8 |
| | C3 | 900 | 1500 | 16 |
| | C4 | 1200 | 2600 | 2 |
| | C5 | 960 | 900 | 2 |
| | C6 | 1500 | 1650 | 3 |
| | C7 | 960 | 900 | 2 |
| | C8 | 1500 | 1750 | 1 |
| | C9 | 1200 | 1100 | 1 |
| | C9a | 1200 | 900 | 1 |

# 建筑施工图

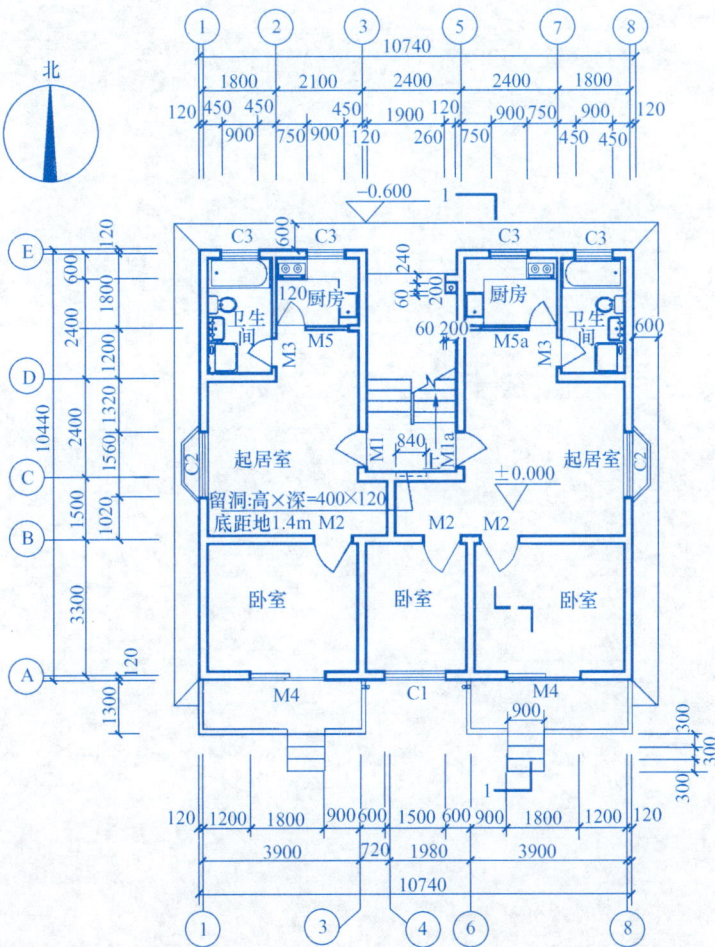

一层平面图 1:100

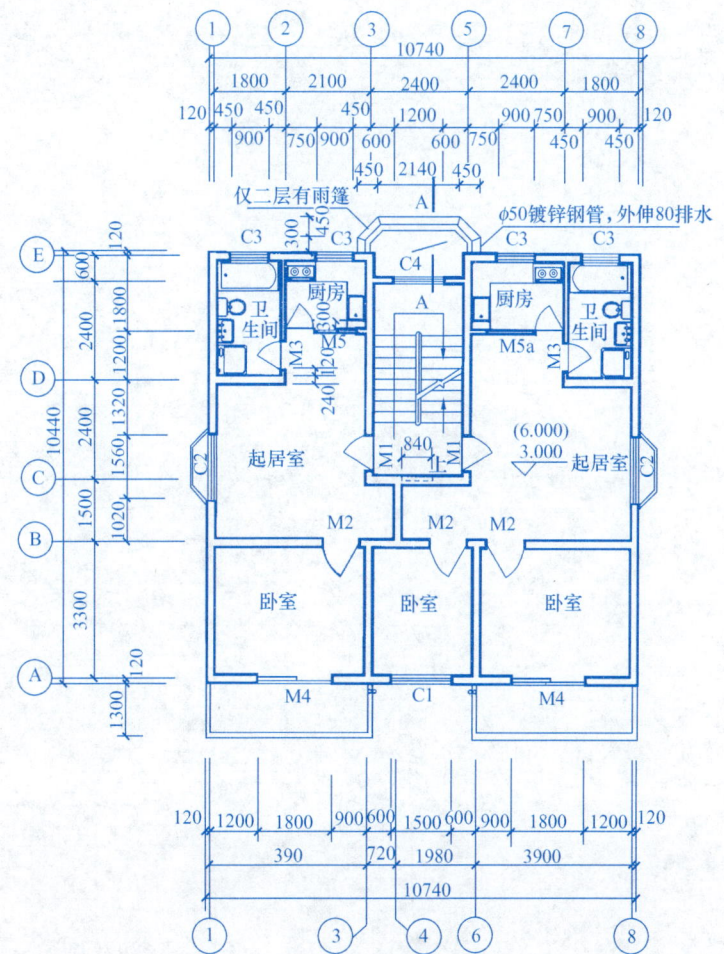

二~三层平面图 1:100

73

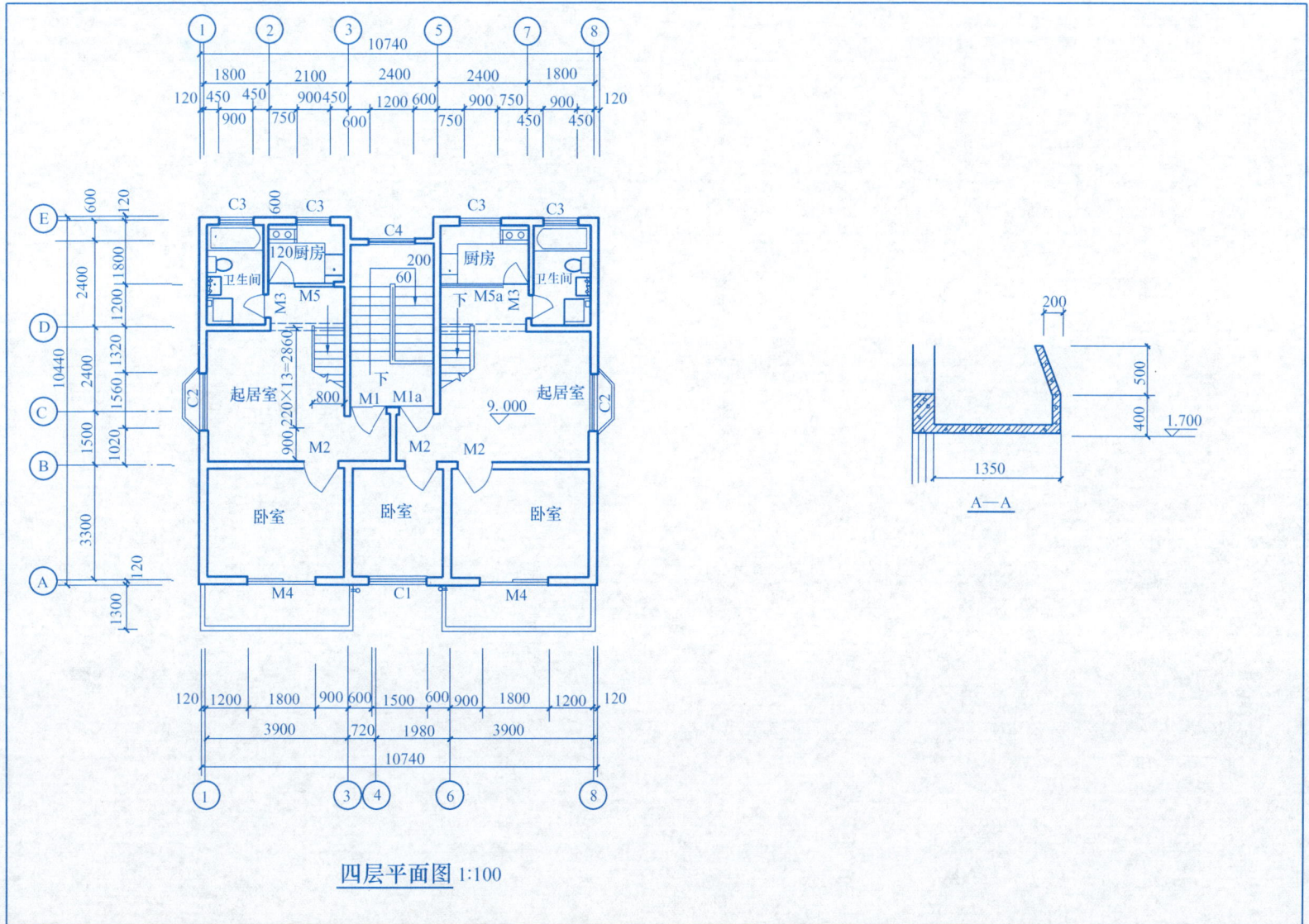

四层平面图 1:100

A—A

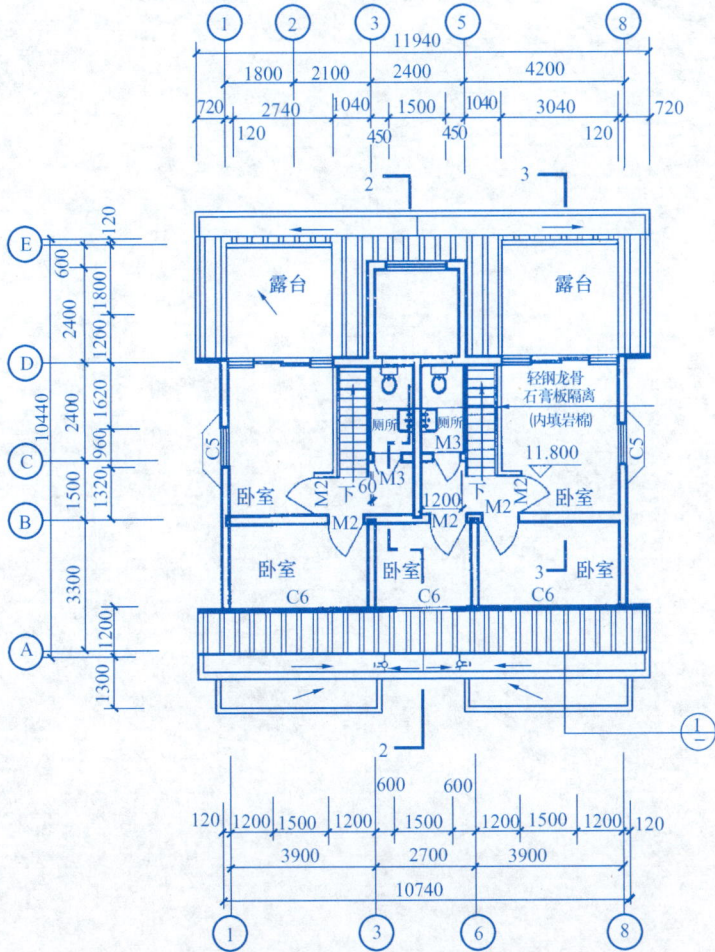

屋顶夹层平面图 1:100

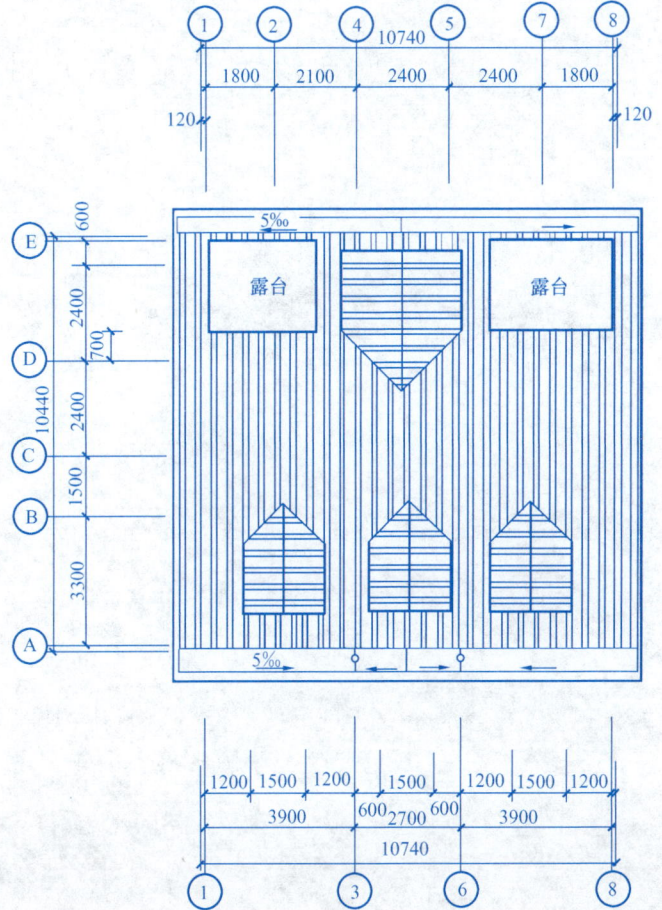

屋顶平面图 1:100

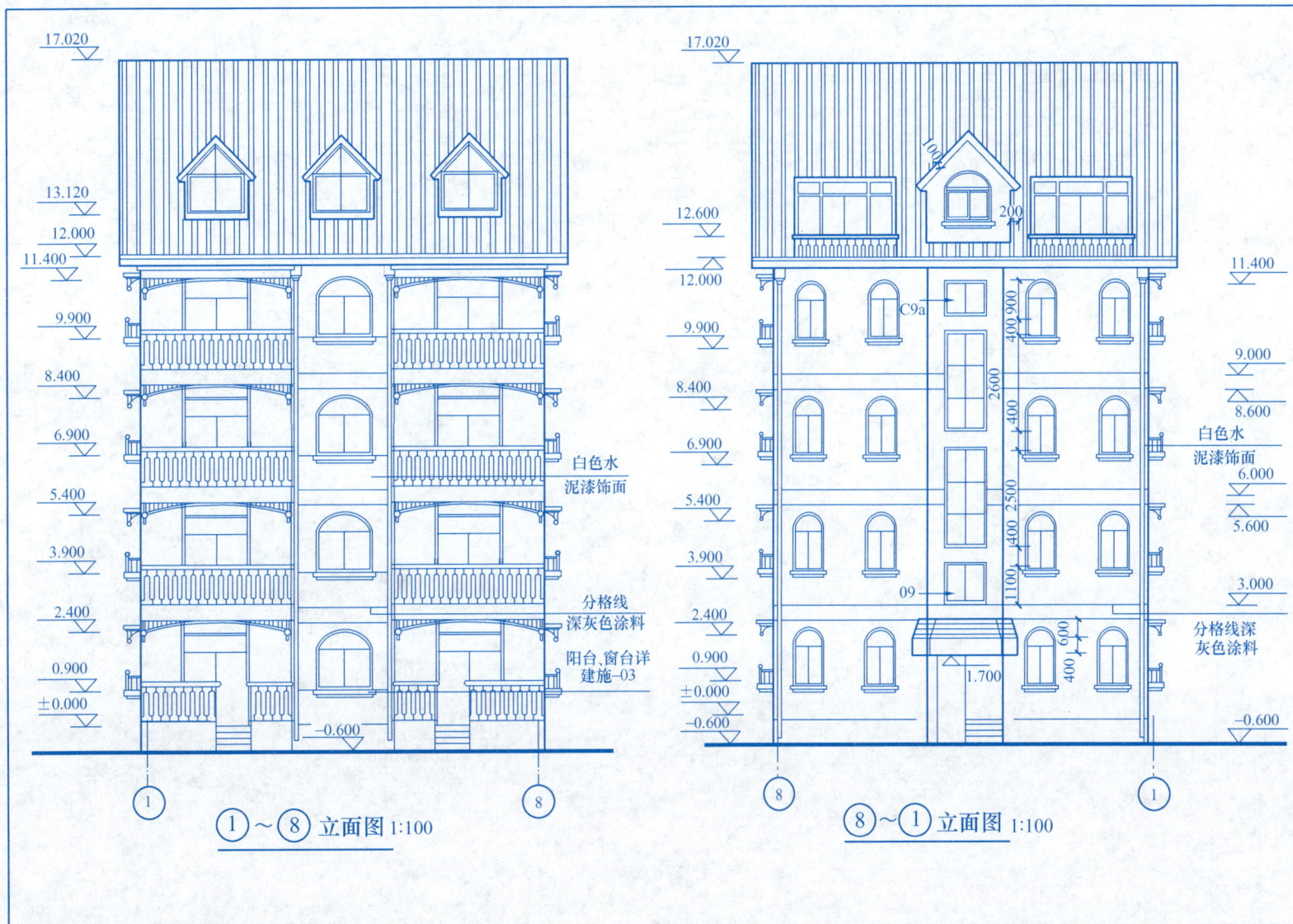

建筑施工图

17.020

13.120
12.000
11.400

9.900

8.400

6.900

5.400

3.900

2.400

0.900
±0.000

-0.600

白色水
泥漆饰面

分格线
深灰色涂料

阳台、窗台详
建施-03

①  ①~⑧ 立面图 1:100  ⑧

17.020

12.600
12.000

9.900

8.400

6.900

5.400

3.900

2.400

0.900
±0.000
-0.600

100

C9a

200

400 900

2600

400

2500

400

1100

09

600

1.700

400

11.400

9.000

8.600

白色水
泥漆饰面

6.000

5.600

3.000

分格线深
灰色涂料

⑧  ⑧~① 立面图 1:100  ①

76

**建筑施工图**

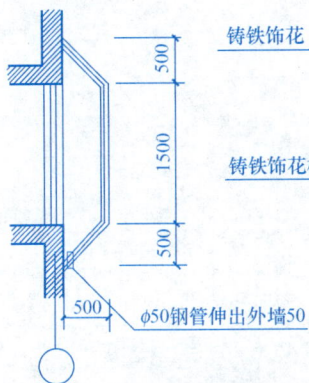

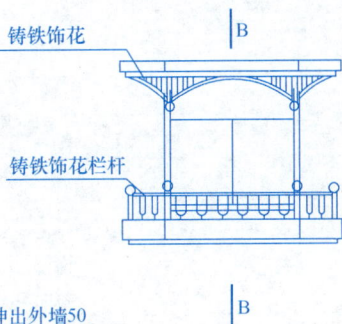

铸铁饰花

铸铁饰花栏杆

500

1500

500

500

φ50钢管伸出外墙50

窗台大样图 1:50

B

B

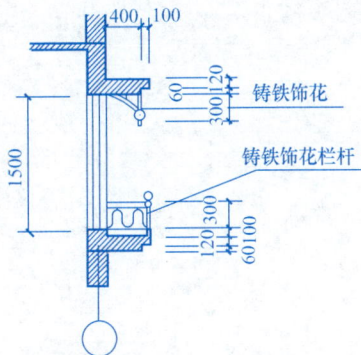

400 100

60 120

300

铸铁饰花

铸铁饰花栏杆

1500

120 300

60 100

B—B 1:50

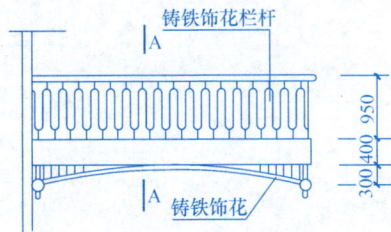

铸铁饰花栏杆

A

A

300 400 950

阳台大样图 1:50

铸铁饰花

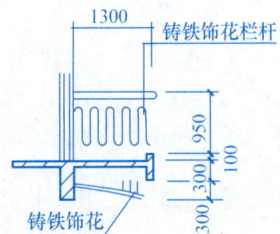

1300

铸铁饰花栏杆

950

100

铸铁饰花

300 300

A—A 1:50

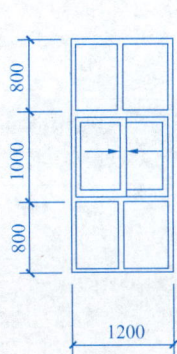

800

1000

800

1200

C4

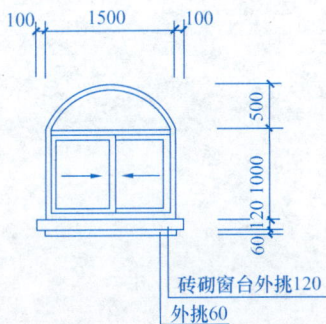

100 1500 100

500

120 1000

60 120

砖砌窗台外挑120
外挑60

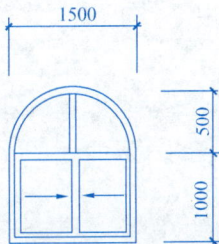

1500

500

1000

C8

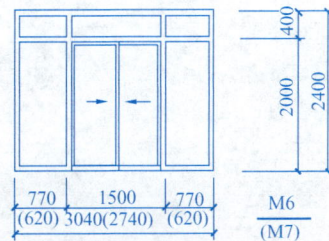

400

2000

2400

770 1500 770
(620) 3040(2740) (620)

M6
(M7)

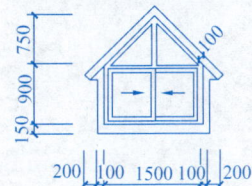

750

150 900

200 100 1500 100 200

C6

# 建筑施工图

**左图（立面图）标注：**

17.020 (屋脊板顶标高)

仿木色外墙涂料
15厚水泥压力板封檐

150 200
300 200
150

13.600
12.700
12.000
11.400

9.900

8.400

6.900

5.400

3.900

2.400

0.900
1.700
±0.000
-0.600

白色水泥漆饰面

详建施-03

分格线深灰色涂料

Ⓔ

Ⓐ

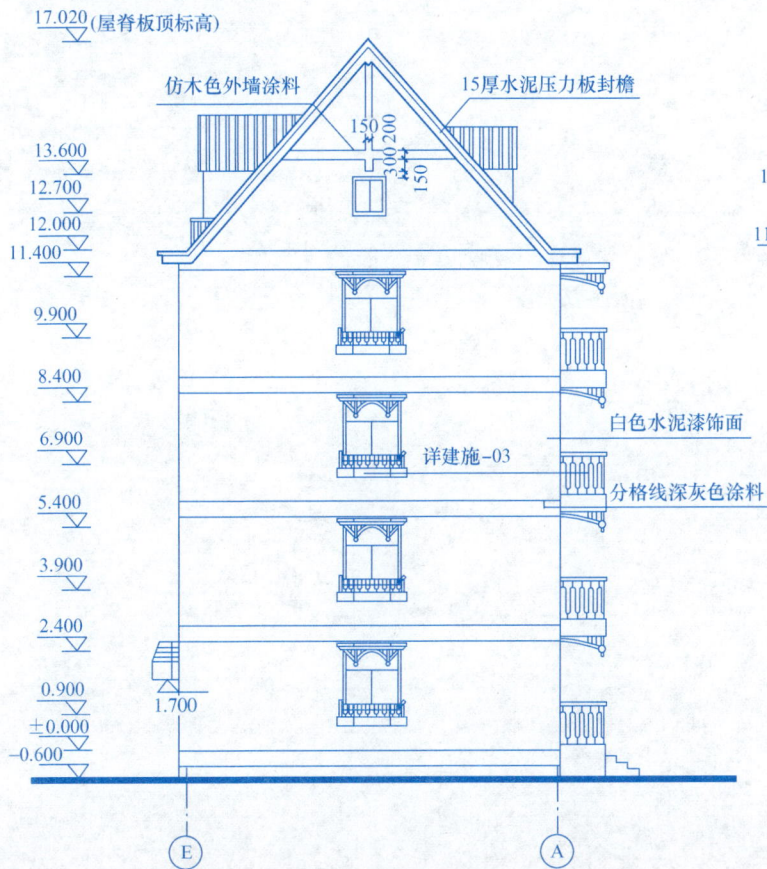

Ⓔ~Ⓐ立面图 1:100

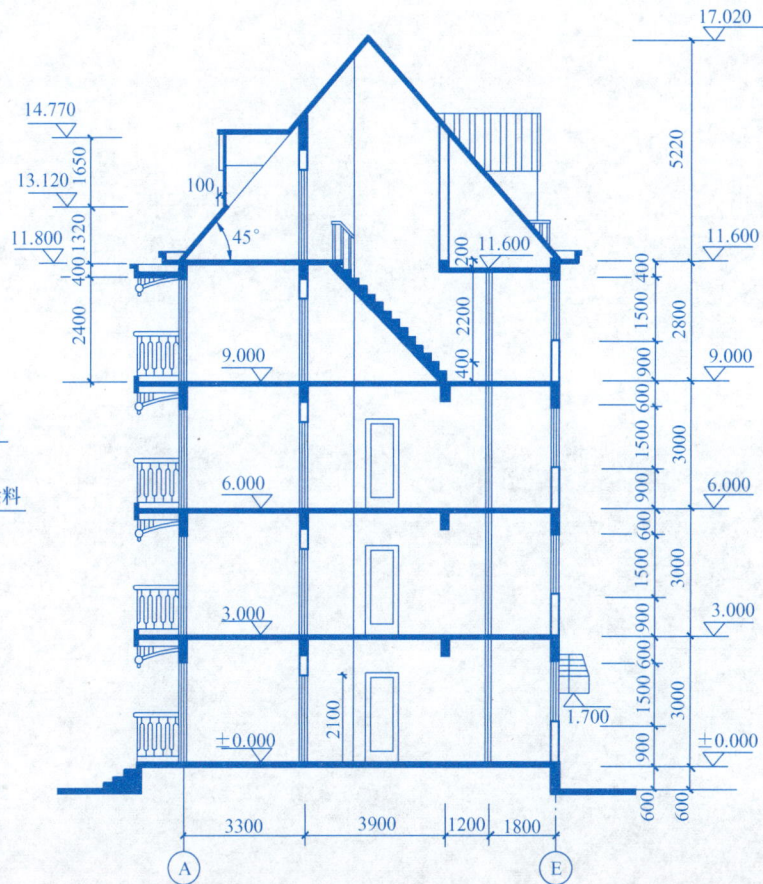

**右图（剖面图）标注：**

17.020

14.770

5220

13.120 1650

100

45°

11.800 1320
400
2400

200
11.600

2200

9.000

400

1500 400
2800

6.000

600 900
3000

3.000

1500 900
3000

2100

600 900
3000

1.700

600 900
1500
3000

±0.000

600 600

3300    3900    1200  1800

Ⓐ

Ⓔ

1—1剖面图 1:100

78

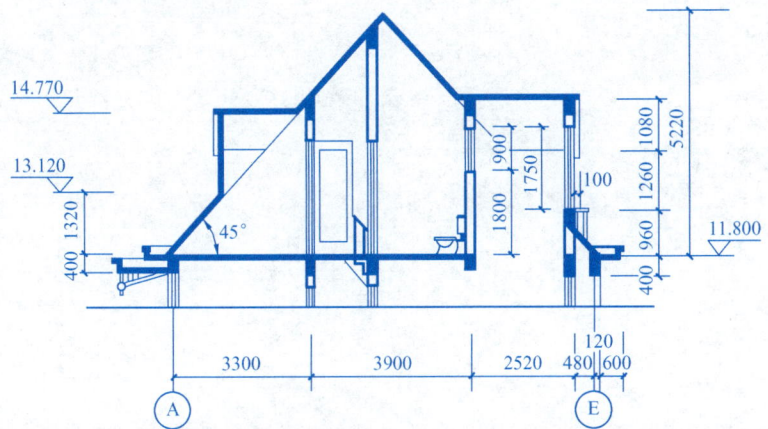

2—2剖面图 1:100

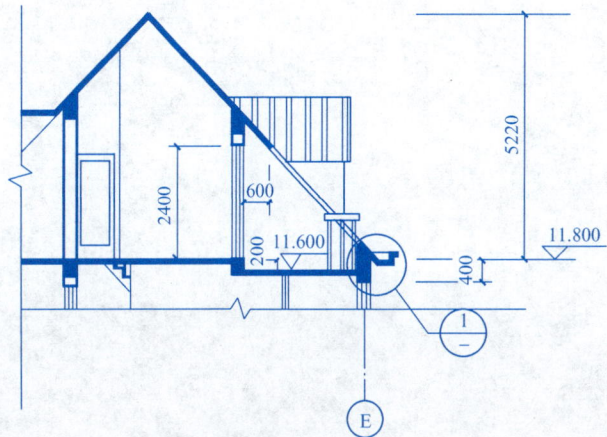

①

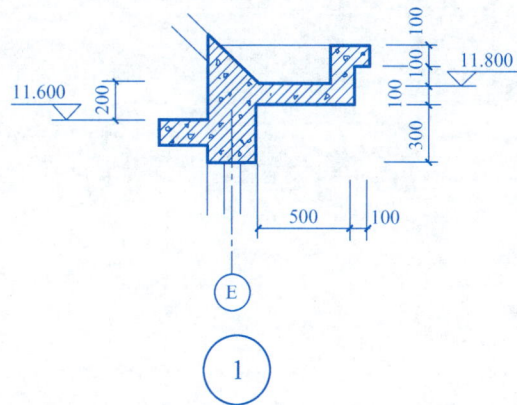

3—3剖面图 1:100

# 结构设计说明

1. 本工程建筑结构安全等级为二级，抗震设防烈度为7度。

2. 基础设计说明详见基础图。

3. 结构材料选用：

（1）砌体部分：标高±0.000以上到三层楼面标高，M10混合砂浆，MU10、240厚KP1承重空心砖，三层楼面标高以上M7.5混合砂浆，MU10、KP1空心砖。

（2）现浇部分：所有现浇部分混凝土为C20，受力筋保护层为25mm，板为15mm。

（3）预制部分：120预应力混凝土空心板选用标准图集，具体做法按照当地标准图集制作。运输、安装参阅本地标准图集说明。

4. 结构构造说明：

（1）整浇层：预制板上做30厚C20细石混凝土整浇层，内配Φ4@200双向钢筋片，浇筑前应将楼板面冲洗干净，注意各开间边缘连续配筋，端跨锚入圈梁内300mm，浇筑后再砌上一层墙体。

（2）现浇板中未注明配筋为Φ6@250，板内受力筋均用分布筋绑扎成网，并注意保证负筋的正确位置。

（3）构造柱布置详见结构平面图。房屋四角构造柱配筋均为4Φ14，其余为4Φ12，钢筋保护层35mm，箍筋为Φ6@200，箍筋在柱与圈梁相交节点处加密为Φ6@100，范围为圈梁上下1/6层高。节点构造详图见下页图①②③所示，构造柱必须先砌墙后浇柱，不得漏留拉结筋，马牙槎从柱脚开始，保证柱脚为大截面。每次浇筑混凝土前须将砖砌体和模板润湿，将模板内落灰、砖渣等杂物清除干净。

（4）圈梁：每层的所有墙体均有圈梁，按现浇板、预制板布置情况，圈梁截面有三种：板边圈梁、板底圈梁、缺口圈梁，圈梁遇现浇梁时，其主筋伸入现浇梁500mm，圈梁钢筋保护层为25mm，配筋构造详见下页图④所示。

（5）圈梁遇窗洞时构造见下页图⑤，其他小洞口过梁采用钢筋混凝土预制。

具体断面与配筋为：

800~1100，断面60×240，内配2Φ10，箍筋Φ6@150；

1200~1500，断面120×240，内配3Φ10，箍筋Φ6@150；

1600~2100，断面180×240，内配3Φ14，箍筋Φ6@150，架立筋2Φ8。

（6）底层120墙下小基础详图见下页图⑥所示。

# 结构施工图

楼面建筑标高 -0.045 楼面建筑标高 -0.045 楼面建筑标高 -0.045

Φ6@200  4Φ12  Φ6@200  4Φ12  Φ6@200  5Φ12
240  240  240

板边 QL  板边 QL  缺口 QL

(Φ6@100)
4Φ12  Φ6@200
(4Φ14)
240

1—1

上下共 4Φ12  上下共 2Φ12
1300  200 300

≥500
500  500

离转角 1m 处搭接
300 200 200 300  300 200

④ 圈梁转角搭接构造

h
500 Φ6@100
Φ6@200
500 Φ6@100
h
500 Φ6@100
Φ6@200
500 Φ6@100

la 35d

1  1

la 35d

250 基础

① 构造柱配筋

5 皮砖  5 皮砖  5 皮砖

② 马牙槎示意

1000
140 50
50
1000
Φ6@500
140
50 150

1000  1000
140 50
50
1000
Φ6@500
140
50 150

③ 构造柱与墙体拉结

120

±0.000
100
150

混凝土标号同地面
150 200 150

⑥ 地层 120 墙下小基础

Φ6@200  圈梁筋
555
500  2Φ14

240  窗洞宽  240

⑤ 圈梁遇窗洞构造

81

# 结构施工图

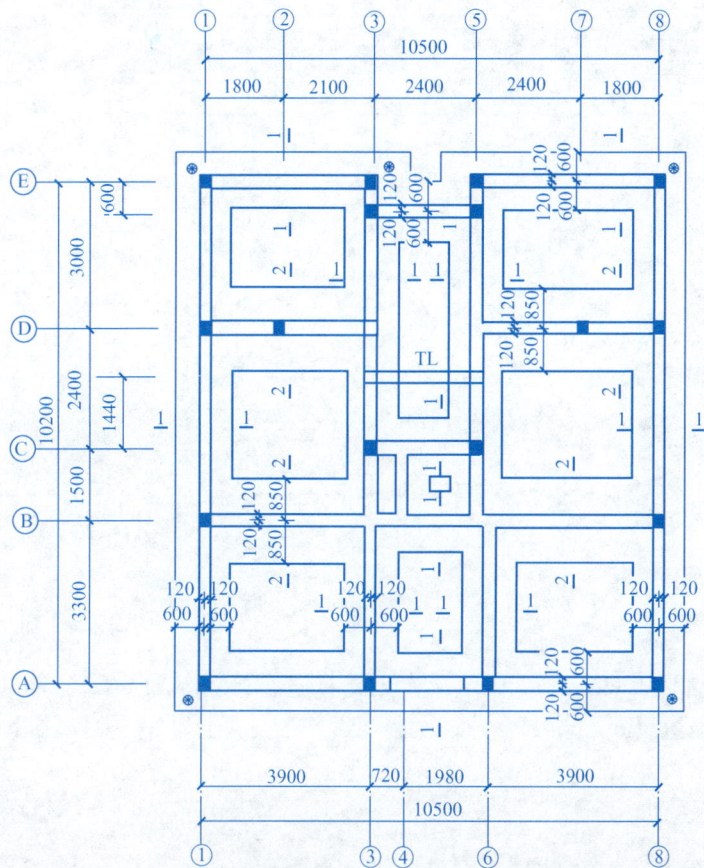

基础平面布置图 1:100

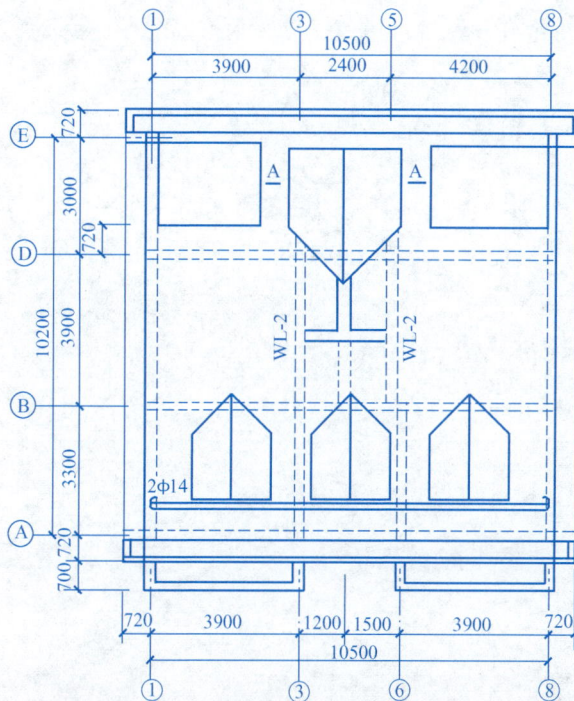

屋顶层结构平面图 1:100

# 结构施工图

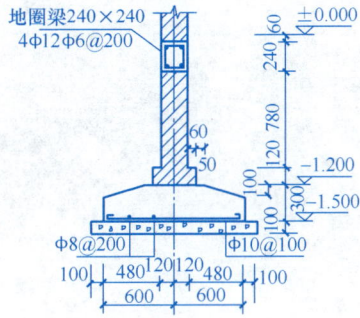

地圈梁240×240
4Φ12 Φ6@200
±0.000
240 60
120 780
-1.200
-1.500
Φ8@200  Φ10@100
100 480 120 120 480 100
600 600

1—1

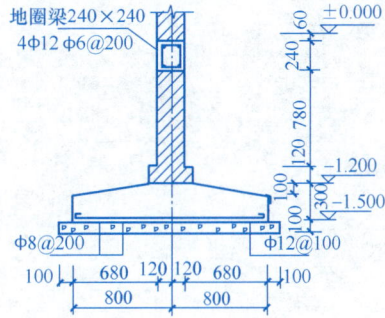

地圈梁240×240
4Φ12 Φ6@200
±0.000
240 60
120 780
-1.200
-1.500
Φ8@200  Φ12@100
100 680 120 120 680 100
800 800

2—2

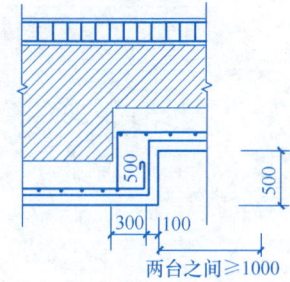

500
300 100
500
两台之间≥1000

基础放台示意图

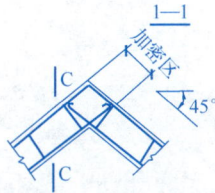

加密区
45°
C
C

WL2结点

(节点处箍筋加密 Φ6@100)

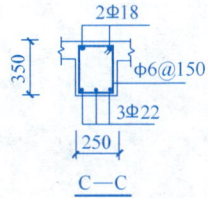

2Φ18
350
Φ6@150
3Φ22
250

C—C

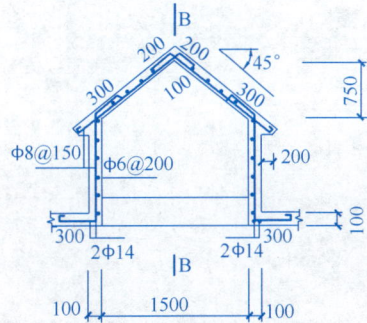

B
200 200
45°
300 100 300
750
Φ8@150  Φ6@200
200
100
300 2Φ14 2Φ14 300
B
100 1500 100

老虎窗详图

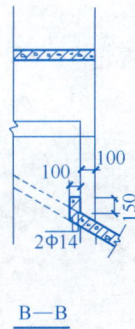

100
100
100
150
2Φ14

B—B

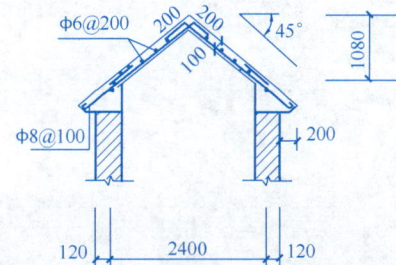

Φ6@200 200 200 45°
100
1080
Φ8@100 200
120 2400 120

A—A

# 结构施工图

二～三层结构平面图 1:100

屋顶夹层结构平面图 1:100

84